문학적
으로
생각하고
과학적
으로
상상하라

문학적
으로
생각하고

최지범 지음

이공계의 가슴을 울린 문학 읽기

과학적
으로
상상하라

살림

차례

나는 스무 살 이전까지 왜 문학을 읽어야 하는지 몰랐다. 문학은 어차피 가짜 이야기라 믿었고 사람들이 왜 그런 거짓 글을 칭송하는지 이해할 수 없었다. 그렇지만 문학을 많이 읽고 창작하기 시작하면서 그런 거짓 이야기 속에 과학책만으로는 알 수 없는 진실이 숨어 있다는 사실을 깨달았다.

우리는 단 한 번의 인생을 산다. 자신이 아닌 다른 사람의 인생을 사는 것은 불가능하다. 때문에 우리는 다른 누구도 살아 보지 못한 인생을 산다는 '특수성'을 갖는 동시에 단 하나의 삶만 살아 본다는 '제한성'을 갖는다. 특수하고 제한된 삶을 사는 인간에게 문학은 다른 삶을 살아 볼 수 있는 탁월한 수단이다. 현재 생존한 어느 누구도 11세기를 살아 보지 못했고, 병자호란을 경험하지 못했다. 당시의 사람들이 쓴 문장들은(픽션과 논픽션 모두) 지금과는 다른 그 세상을 우리가 직접 경험할 수 있도록 안내한다. 또한 소설 속 주인공이 처한 위기 상황을 통해 자신이라면 어떻게 행동할지를 상상하면서 소설 캐릭터와 스스로를 동화시키기도 한다.

이런 과정을 통해 우리는 공감 능력을 키울 수 있을지 모른다. 뉴욕 뉴스쿨 대 에마누엘레 카스타노Emanuele Castano 연구진은 문학적인 소설을 읽은 그룹, 대중 소설을 읽은 그룹, 아무것도 안 읽은 그룹, 논픽션을 읽은 그룹으로 실험 대상을 나누어 이들이 상대방의 눈만 보고 감정을 얼마나 잘 유추하는지Reading the Mind in the Eyes Test, RMET를 알아보았다. 실험 결과 문학 작품을 읽은 집단의 점수가 다른 집단에 비해 더 높게 나왔다. 일반적으로 RMET 점수가 높을수록 공감 능력이 뛰어나다고 알려져 있다. 문학 읽기가 공감 능력에 영향을 미친 것이다.

감정과 윤리 의식이 메마른 이 시대에는 문학을 비롯한 인문학이 필요하다. 과학은 인문학과 관계가 전혀 없는 것처럼 보일 수 있지만 과학 지식은 인문학을 더 깊고 풍부하게 이해하는 데 도움을 준다.

이 책을 쓴 가장 큰 이유는 문학이 던지는 목소리를 듣는 데 과학이 도움을 줄 것이라고 믿었기 때문이다. 나는 문학이 던지는 메시지를 들으려고 최대한 노력했고 그 메시지를 해석하는 데 도움이 될 만한 과학 지식을 설명했다. 이런 시도는 거칠고 무모해 보일 수 있지만 과학자를 꿈꾸면서 문학 작품도 창작하는 내게는 꼭 필요한 일이었다. 나뿐만 아니라 다른 이들에게도 반드시 필요한 소양일 것이다.

　　　스테이크를 빛내 주는 가니시Garnish처럼 과학 지식이 문학 감상을 풍부하게 해 주리라 믿는다. 이 책을 통해 문학에만 관심이 깊고 과학은 나 몰라라 했던 이들이 과학과 친해지는 계기가 되었으면 좋겠다. 또한 과학만 할 줄 알았지 소설은 읽지 않았던 이들도 문학이 생각보다 재미있고 유익하다는 것을 깨달았으면 좋겠다. 어쩌면 문학과 과학, 모두에 매력을 느끼는 일거양득의 기회가 될 수도 있겠다. 문학과 과학이라는 대척점 사이에 아주 조그만 징검다리가 되고 싶었다.

2015년 가을

최지범

나는 '건명원建明苑'에서, 눈동자 속에 천진난만함과 지적인 호기심을 동시에 담은 저자와 꿈을 공유하려 애쓰고 있다. 우리는 해를 해로만 보고, 달을 달로만 보는 일방적 시각을 포기한다. 해와 달을 하나의 사건으로 동시에 장악할 수 있는 능력을 갖추고 싶어 한다. 우리는 그렇게 할 수 있게 될 것이다. 그래서 이미 있는 모든 것에 답답해하며 새로운 길을 열려고 할 것이고, 훈고의 기풍을 벗어나 창의의 기풍 속으로 걸어 들어간다. 낡은 모든 것을 뒤에 남겨 두면서도 전혀 서운하지 않을 것이다. 창의 전사로서의 기품을 갖는다. 이런 노력으로 우리는 틀에 갇힌 조국을 깨워 힘차게 비상하게 될 것이다. 그것은 우리가 공유하는 사명이다.

저자는 젊지만 이미 저자이다. 자기 뜻을 세상에 표현하려는 적극적인 태도를 이미 보여 준 전작이 있을 정도이다. 이번에도 그의 표현은 새로운 길을 꿈꾸는 도정에서 벗어나지 않았다. 과학과 문학을 본격적으로 연결시키려는 시도는 해와 달을 동시에 장악하려는 부단한 노력과 일치한다. 우리에게 아직은 정해지지 않았지만 새로운 어떤 것을 보여 주려 하고 있다. 이질적으로 보이는 과학과 문학 사이에서 우리는 그의 인도를 받아 분명히 새롭고 힘찬 빛을 보게 될 것이다.

　　"과학을 전공하면서 문학 작품을 읽으니 과학 지식이 문학 감상에 묵직함을 더해 주는 순간을 여러 차례 경험했다."고 하는 그의 말을 들으면 이미 그는 일반적인 의미에서 그의 나이가 주는 인상 이상으로 높이 가 있음을 알 수 있다. "피펫(과학적)과 만년필(문학적)이라는 전혀 다른 세상에 있는 이질적 도구간의 공통점을 발견하는 느낌"을 가졌다고 하니, 인간의 탁월함을 조장하는 대표적인 능력 가운데 하나인 '은유'의 힘을 알고 그것을 부리는 사람으로 벌써 성장해 있음도 알 수 있다. 이런 능력을 바탕으로 저자는 기존의 문학 평론에서 합의된 결론을 의심하고 재해석하는 데서 문학적 사유의 첫발을 내딛고 있다. 분석의 틀을 과감히 확장하여 문학에서 우러나오는 여러 색깔들을 바라보는 스펙트럼의 하나로 과학을 도입하였다. 인간의 영혼을 들여다보겠다는 뇌과학도 등장한다. 그간 몇몇 학자들이 과학을 문학 감상에 끌어들이기는 했어도

이처럼 진화생물학과 뇌과학까지 전면적으로 대입하는 사례는 흔치 않은 일이다. 문학을 인간 존재론의 근본 질문으로 회귀시키고자 한 것이다. 그는 과학이라는 날카로운 무기를 부드럽게 녹이고 정제하여 문학에 새로운 물꼬를 열어 줄 수 있을 것이다.

이 책은 새로운 시대를 여는 '건명원' 세대의 첫 결실이라는 점에 큰 의미를 부여할 수 있겠다. 저자의 더 과감하고 부단한 정진을 우선 기대한다.

최진석(건명원 원장, 서강대학교 철학과 교수)

문학적으로
생각하고
과학적으로
상상하라

바닷속에 꽃 한 송이 피지 않는 이유

이호우의 「바다」

우리는 바다에 속박되어 있습니다.
그리고 우리가 바다로 돌아가면
그것이 항해하기 위해서든 아니면 그냥 바라보기 위해서든,
우리가 유래한 곳으로 돌아가는 겁니다.

_존 F. 케네디

지구를 덮은 바다와 인간

자연은 그 자체로 한 권의 시집이다. 매순간 새로운 시들이 기록되는 이 거대한 시집에는 지구 표면 아래 2,000km 지점과 100억 광년 떨어진 먼 곳, 인간의 눈으로 볼 수 없는 작은 세상에서 일어나는 신비한 이야기가 담겨 있다. 그렇지만 인간이 볼 수 있도록 허락된 장은 소수에 불과하다. 우주적 스케일로 보면 먼지만도 못한 이 지구의 표면에서 기록되는 몇 개의 시들만 겨우 볼 수 있을 뿐이다. 전체 자연에 비하면 아주 미약한 분량이지만 그 안에도 아름다운 시들이 넘쳐난다.

사랑하는 연인이 포옹할 때 그들이 밟고 서 있는 기반이 되고 사람을 이루는 물질의 원산지이자 살아가는 데 필요한 음식을 제공하며 죽고 나서 되돌아가는 공간이 바로 지구이다. 지구의 곡률曲率을 이루는 너른 바다, 무한에 가까워 보이는 파란 하늘, 흰 눈 덮인 높다란 산들은 미약한 인간에게 경이로움을 선사하여 자연에 대한 찬사를 이끌어 낸다.

지구는 분명 매력적인 문학 오브제이다. 지구는 바다라는 푸른 옷을 입고 있다. 우주에서 본 지구를 파랗게 만드는 바다는 육지 동물인 인간에게는 다소 생소할지 몰라도 듬직한 아버지처럼 호연지기浩然之氣를 길러 줄 뿐만 아니라 다정한 어머니처럼 우리를 먹이고 입혀 준다.

바다는 지구가 만들어지고 나서 7억 년 후 그러니까 지금부터 38억 년 전부터 존재했다. 최초의 생명은 바다에서 탄생했고 여전히 수많은 생명의 보금자리이다. 바다가 지구를 덮고 있는 동안 대륙이 움직였고, 최초의 사랑이 시작되었고, 최초의 예술이 창작되었으며 그 순간 순간을 바다가 목격했다.

수많은 예술가에게 영감을 준 바다는 누군가에게는 삶의 터전이고 누군가에게는 생의 마지막 장소이다. 수많은 사람이 찢어질 듯이 아픈 가슴을 끌어안고 바다에 몸을 던졌다. 마지막 순간에 그들이 들이키던 바닷물의 짠맛은 어떤 느낌이었을까? 가라앉은 배들과 함께 생을 마감한 수많은 생명의 사연 하나하나는 바다를 세상에서 가장 많은 한恨이 서린 공간으로 만들었는지 모른다. 바다에는 사랑하는 사람을 잃은 이들의 눈물과 그들이 던진 흰 국화꽃도 섞여 있다.

한과 설움의 사연에도 불구하고 바다는 고요하다. 때때로 치는 파도 소리를 제외하면 바다는 폭포수처럼 웅장한 소리를 내지도 않고 산처럼 골격을 드러내지도 않는다. 지구 표면의 2/3를 덮고 있고 그 부피 또한 지구의 모든 산이 몇 백 번을 들어가고도 남는다. 해납백천海納百川, 바다는 하천을 가리지 않고 받아들이기 때문이다. 바다는 가장 낮은 곳에 있기에 가장 위대할 수 있다. 이호우 시인은 이런 바닷속에 숨은 사연들에 귀를 기울인다.

> 무한한 가슴 가득
> 억만億萬 사연 지녔어도
> 꽃 하나 벌레 하나
> 피우려도 울리려도 않고
>
> 바다는 그냥 어리석음의
> 편안함에 퍼어렇다.^{••}

이호우 시인은 자신의 시 「바다」에서 바다가 황량하다고 보았다. 물론 그럴 수 있다. 육지가 온갖 풀과 꽃, 나무와 바위산으로 뒤덮인 화려한 인상주의 미술 작품이라면 바다는 푸른색 잉크만을 엎은 캔버스와 같다. 겉으로 보기에 바다에는 꽃도, 벌레도 없다. 우리가 보는 바다는 물의 사막에 불과하다. 세상 물정 모르는 탓에 아무런 치장도, 내세움도 없이 그저 퍼어렇기만 하다는 작가의 생각은 마치 인고의 여인상을 보는 듯한 느낌마저 준다.

• 중국 진나라 때의 이사(李斯)가 해납백천 이야기를 했다. 이사는 "태산은 한 줌의 흙이라도 양보하지 않았기에 그만큼 클 수 있었고 바다는 작은 물길도 들어오는 것을 거절하지 않았기에 깊을 수 있으며 임금은 한 사람의 백성이라도 물리치지 말아야 그 덕을 밝힐 수 있습니다."라고 하였다.
•• 최동호 엮음, 『한국명시』, 한길사, 1996

작가가 실제로 바다를 깊게 관찰하고 탐구했더라도 같은 시가 나왔을는지는 의문이다. 바닷속 세상은 표면과는 달리 화려하고 격동적이다. 보잘 것 없는 푸른 코트를 입은 사람이 그 속에 온갖 값비싼 보석을 숨긴 것 같다. 겉으로 보이는 바다가 어리석은 이유는 물 때문이다. 흙과 돌 위에는 무언가가 강하게 결합하거나 서 있을 수 있지만 액체인 물은 그렇지 못하다. 기껏해야 떠 있는 정도이다. 대신 유체流體°인 물속에서는 위아래, 양옆, 어느 방향으로든 움직일 수 있다. 예를 들어 치타는 앞뒤와 좌우, 2개의 축으로만 움직일 수 있지만 바닷속 청새치는 3차원의 모든 방향으로 헤엄칠 수 있다.

날개가 없는 우리 또한 언제나 땅에 속박되어 있다. 힘껏 뛰어봤자 1m도 올라가기 힘들고, 마이클 조던Michael Jordan조차 별다른 도구 없이 점프하면 공중에 3초를 채 떠 있지 못한다. 비행기가 있기는 하지만 우리가 밟는 것은 비행기의 바닥이지 자유로운 대기가 아니다. 우리가 살면서 지표면에 속박되지 않는 경우는 번지점프를 할 때나 패러글라이딩을 하거나 물속에서 수영을 할 때 정도이다. 바닷속에서는 속박이 존재하지 않기에 바다는 깊이 들어가도 다양하고 풍성하지만 땅은 깊이 들어갈수록 척박하다. 바다 밑 5km에 사는 생물은 있어도 땅속 5km에 사는 생물은 아직 발견되지 않았다. 바다 밑 10km에 사는 생물도 있지만 땅속 13km에는 마그마나 돌만 있을 뿐이다.

• 흐르는 것은 유체이다. 액체, 기체를 포함하며 움직이는 모래알도 유체에 포함된다.

바닷속이라고 무조건 식물이 없는 것은 아니다. 미역이나 다시마 같은 해조류는 엄연히 바다에 사는 식물이다. 복잡한 기관을 가진 다세포 생물이라는 식물의 정의에는 해당하지 않지만 식물성 플랑크톤, 녹조류는 광합성도 하고 지구 전체 산소의 2/3 정도를 생산한다.**

바다에 식물이 많지 않은 것은 사실이다. 뿌리를 내릴 땅은 바다 깊숙한 곳에 있기 때문에 햇빛이 들지 않는다. 식물의 엽록체는 파란색과 빨간색 빛에서 광합성을 많이 일으키는데 바다는 파란빛을 반사시켜 버린다. 빨간빛은 물속 18m까지 가기 전에 물에 모두 흡수된다. 때문에 엽록체가 쓸 파란빛과 빨간빛이 바닷속에는 거의 없다.

일반적인 육지 식물은 삼투 현상을 통해 물과 양분을 흡수하는데, 바닷물의 농도는 삼투압의 방향을 식물 안쪽에서 바깥쪽으로 향하게 만든다. 때문에 일반적인 식물은 바닷물에 닿으면 물과 양분을 잃어 말라 죽고 만다. 게다가 바닷속에서는 이상하게도 꽃을 찾아볼 수 없다.

이호우 시인이 인식하는지 모르지만 바다에 꽃과 곤충이 없다는 사실은 생물학적으로 중요한 문제이다. 곤충은 분명 지구를 지배하는 생물이다. 웬만큼 혹독하지 않은 이상 전 세계 어디를 가도 곤충이 있다. 수중도 예외는 아니다. 장구벌레나 잠자리 유충처럼 어릴 때에만 물속에

** 가끔씩 이들이 지나치게 많아질 때가 있는데 그것이 녹조, 적조 현상이다.

서 사는 곤충도 있고 물방개처럼 처음부터 쭉 물속에 사는 것들도 많다. 그렇지만 생명 탄생의 요람이자 무수한 생물이 삶의 터전으로 삼는 바다를 비집고 들어가지는 못했다.

식물의 생식 기관인 꽃은 일종의 사치품이라 할 수 있다. 꽃은 광합성도 하지 않으면서 다른 곤충을 위한 꿀을 준비하여 잎이 만든 포도당을 소모할 뿐이다. 식물이 이런 희생을 감수하고서도 꽃을 만드는 이유는 꽃가루를 널리 퍼뜨리기 위해서이다. 유전적 다양성을 위해서는 멀리 있는 개체와 교배해야 하는데 신경계가 없는 식물은 동물처럼 이동할 수가 없다. 따라서 식물은 꿀이라는 인센티브를 통해 가루받이 동물에게 외주를 준다고 볼 수 있다.

화려한 꽃잎과 꿀을 찾아 다가오는 곤충에게 꽃가루를 묻혀야만 꽃가루를 멀리 보낼 수 있다. 때문에 곤충 같은 가루받이 동물이 없다면 꽃이 존재할 이유가 없다. 따라서 곤충을 이용하지 않고 꽃가루를 날리는 식물은 화려한 생식 기관을 갖지 않는다. 솔방울 역시 꽃처럼 생식 세포를 날리는 기관이지만 화려함과는 거리가 멀다. 곤충을 이용하지 않고 바람을 이용하기 때문이다.

사실 꽃과 가루받이 동물은 필요충분조건의 관계이다. 가루받이 동물이 있어야 꽃이 있을 수 있고, 꽃이 있어야 가루받이 동물이 존재할 수 있다. 극명한 예가 다윈Charles Robert Darwin의 '예측 나방predicted moth'이다. 진화론의 아버지라 불리는 찰스 다윈은 마다가스카르에서 온 풍란Comet Orchid을 연구하고 있었다. 그 식물의 꿀을 먹기 위해서는 30cm 정도의 얇은 관을 따라가야만 했다. 일반적인 나비나 벌은 이 식물의 꿀을 먹을 수 없었고 따라서 꽃가루도 묻히지 못했을 것이다. 다윈은 30cm 정도의 관을 가진 이상한 가루받이 벌레가 마다가스카르에 살고 있을 것이라고 예측했다. 당시에는 주위의 비웃음을 산 아이디어였다. 다윈은 예측의 진위 여부를 알지 못한 채 세상을 떠났다.

그렇지만 다윈이 죽은 지 21년이 지난 1903년에 마다가스카르에서 30cm나 되는 관으로 꿀을 먹는 나방이 실제로 발견되었다. 박각시나방Hawk Moth의 일종인 이 나방은 예측 나방이라는 별명을 얻었다. 그만큼 꽃과 가루받이 곤충의 상호 의존도는 절대적이다. 가루받이 곤충이 없으면 꽃도 있을 수 없다.

따라서 바다에 꽃이 없는 이유는 바다에 곤충이 없는 이유로 귀

박각시나방은 전 세계적으로 분포하는 종으로 굵고 짧은 몸에 앞날개가 길고 좁으며 뒷날개가 짧은 것이 특징이다.

결된다. 바다에 곤충이 없는 이유는 물고기에 의한 포식 때문이다. 육지에서의 곤충은 날개를 활용해 공중을 자유롭게 날아다니며 포식자를 피한다. 일개미처럼 날개가 퇴화된 것들[*]도 있지만 이들은 단합을 통해 적을 물리치는 능력이 있다. 한편 물속에서의 곤충은 호흡 기관 때문에 물 밖처럼 자유롭지 못하다. 물고기는 물속에 녹아 있는 산소를 바로 사용할 수 있지만 곤충은 호흡 기관의 특성상 그럴 수가 없다. 고래나 물범, 거북이처럼 몸속에 많은 공기를 저장할 수 있는 것도 아니다.

때문에 수생 곤충들은 몸 주위에 공기막air film을 만들거나 자주 물 밖으로 나와 숨을 쉰다. 공기막은 말 그대로 곤충 몸에 붙은 공기 방울이다. 모기의 유충인 장구벌레는 자주 물 밖으로 나와 숨을 쉬지만 물방개는 몸 뒤쪽에 공기 방울을 달고 다닌다. 그렇지만 수심 30~40m 이하에서는 수압 때문에 공기막을 만들 수 없다. 또한 공기막을 유지하기 위해서는 자주 물 표면으로 나와 공기를 보충해야 한다. 이처럼 제한된 행동반경 때문에 곤충은 물고기에게 더 쉽게 잡아먹히게 된다. 육지를 점령한 곤충에게 바다는 철옹성이었고 덕분에 바다는 꽃을 피우지 못했다.

그렇다고 바닷속이 꽃이 없는 육지처럼 황량하지만은 않다. 꽃은 없지만 대신 화려한 산호가 존재한다. 자포 동물에 속하는 산호충이 모여 만들어진 이 '동물'의 군집은 특히 열대 바다에 발달하였는데 때

---

* 그렇지만 개미라는 종에게는 날개가 있다고 봐야 한다. 여왕개미와 수컷 개미에게 날개가 있기 때문이다. 곤충의 특징 중 하나는 날개가 있다는 점이다.

로는 육지의 그 어떤 꽃보다도 화려하고 아름답다. 이런 모습을 보면 바다는 생명을 보살피는 어머니같은 존재인 동시에 자신을 세상에 드러내려 하는, 한껏 치장한 젊은 아가씨 같은 구석도 있다. 식물이 살기 어려운 바다이지만 산호뿐만 아니라 화려한 고래와 해파리와 물고기 떼가 만드는 아름다운 하모니를 본 사람이라면 바다를 어리석은 '푸르름'만으로 보기는 어려울 것이다.

어쩌면 이 시는 어리석지 않고 화려한 바다인데 겉만 보고 그렇지 않다고 생각하는 사람들에게 던지는 메시지일 수 있다.

바다와 하늘은 왜 파란가?

이호우 시인의 「바다」에서는 파란 바다의 시각적 이미지가 시를 이끄는 주요 심상이다. 그렇다면 바다는 왜 빨간색도 아니고 노란색도 아니고 굳이 파란색이어야만 할까? 왜 태양에서 오는 수많은 빛 중에서 나머지는 흡수되고 오직 파란색만 바다에서 반사되어 우리 눈에 들어올까? 그 답은 빛의 파장과 물 분자의 성질에 있다. 파장이 300~600nm인 전자기파를 빛, 또는 볼 수 있는 광선이란 뜻에서 가시광선可視光線이라 부른다. 인간은 이 영역에 속한 전자기파를 눈을 통해 감지할 수 있다. 빛은 파장이 긴 것에서 짧은 것 순으로 '빨주노초파남보'의 색을 띤다. 빛은 파장이 짧을수록 더 크게 굴절이 되는 경향이 있어 파란색이 붉은색에 비해 굴절이 잘 된다. 무지개가 빨주노초파남보의 순서로 나타나는 이유도 파장에 따른 굴절률 차이 때문이다.

　　바다에서는 파장이 긴 빛들이 선택적으로 흡수된다. 때문에 짧은 파장의 파란빛은 흡수되지 않고 반사되어 우리 눈에 들어와 바다가 파랗게 보인다. 물에 무언가가 섞여 있으면 색이 달라지기도 하는데 미세한 흙 입자가 많으면 회색을 띠고 적조 현상이 일어나면 붉게 변한다.

　　하늘이 파란 이유 역시 빛의 성질과 관련이 깊다. 사실 태양이 있는 곳 이외의 하늘은 검게 보이는 게 정상이라고 할 수 있다. 그 방향에서는 빛이 직접적으로 오지 않기 때문이다. 실제로 대기가 없는 우주 공간에서 태양을 바라보면 태양 주위가 전혀 파랗지 않다. 빛이 주위로 흩어지는 현상을 산란scattering이라고 부르는데, 공기는 빛을 산란시키는 성질이 있다. 이 중 파장이 짧은 파란빛을 더 잘 산란시켜서 태양에서 우리 눈 방향으로 오지 않는 푸른빛도 우리 눈에 도달할 수 있도록 도와준다. 이런 산란 현상을 '레일라이Rayleigh 산란'이라고 부른다.

생명의 요람

바다에 대해 좀 더 살펴보자. 영국의 대기과학자 제임스 러브록James Love-lock은 지구를 하나의 생명체에 비유했다. 지구는 태양계의 다른 행성과 달리 변화하는 조건 속에서 생명이 살기에 적합한 환경을 만들어 내기에 그 자체로 하나의 생명이라는 것이다. 이런 주장은 고대 그리스 신화에 나오는 대지의 여신의 이름을 가져와 가이아Gaia 가설이라 불린다. 지구를 하나의 생명에 비유한다면 바다는 분명 지구의 혈액이다. 혈액이 온몸으로 열과 에너지를 나르고 체온을 유지시켜 주듯이 바다도 물질과 에너지를 나르며 지구 기온을 일정하게 유지시킨다.

지구는 축을 중심으로 회전하기 때문에 어느 지점에 있는지에 따라 움직이는 속도가 다르다. 피겨 스케이팅 선수가 스핀 동작을 할 때 몸통에 가까운 부분(회전축에서 가까운 부분)보다 몸통에서 먼 부분이 훨씬 빨리 움직이는 것처럼, 축과 가까운 북극과 남극의 회전 속도는 느리지만 적도에서는 회전 속력이 아주 빠르다. 때문에 가만히 서 있더라도 북극 근처에 있는 사람과 적도에 있는 사람의 속력 차이는 매우 크다.

적도에서 북극 쪽을 향해 아주 멀리 날아가는 대포를 쏜다고 해 보자. 대포알은 적도 근처에 있기 때문에 지구가 자전하는 방향(서에서 동쪽)으로 큰 속력 성분을 가진다. 적도 근처에서는 모두가 빠르게 움직이니까 괜찮지만 북쪽으로 갈수록 주위의 물체가 지구의 자전 방향으로 움직이는 속력이 느리다. 때문에 북쪽에 있는 사람이 봤을 때 대포는 휘어지는 것처럼 보인다. 이것이 코리올리 힘이라 불리는 전향력이다.

움직이는 물체라면 북반구에서는 진행 방향의 오른쪽, 남반구에서는 진행 방향의 왼쪽으로 힘을 받는 것처럼 보인다. 때문에 포탄이나 미사일을 발사할 때에는 전향력을 고려해야 한다. 심지어 총으로 원거리 사격을 할 때에도 전향력을 미세하게 고려해야 한다. 북반구에서는 목표보다 약간 왼쪽으로 쏘면 된다. 전향력은 바다에도 작용하여 북반구에서

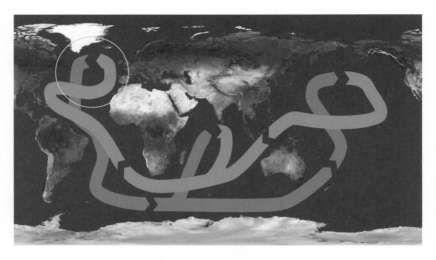

대양 대순환 해류를 단순화하여 나타낸 그림. 그린란드 쪽에서 가라앉는 해류(원으로 표시된 부분)는 심해에 산소와 영양분을 공급한다.

는 시계 방향, 남반구에서는 반시계 방향의 해류가 흐른다.

전 세계 해류 중에 대서양을 가로질러 그린란드로 올라가는 해류가 주목할 만하다. 그린란드 근처에서는 바닷물이 언다. 흔히들 북극해 근처의 유빙˙은 짤 것이라 생각하는데 전혀 그렇지 않다. 바닷물이 얼 때는 물 분자들끼리만 결합하여 얼음 결정을 만들기 때문에 유빙을 깨서 녹여 보면 민물이 된다. 그런 까닭에 바닷물이 얼면 소금의 양은 그

˙ 바다에 떠 있는 얼음을 보고 빙하라고 하는 경우가 많은데 그것은 틀린 표현이다. 빙하(氷河)는 말 그대로 얼음 강이다. 육지 위에 두터운 얼음이 있으면 마치 강처럼 흐르게 되는데 이것이 빙하이다. 북유럽 스칸디나비아 반도의 피오르, U자곡은 빙하에 의해 형성되었다. 반면 유빙은 바다 위에 떠 있는 얼음이다. 따라서 북극해(바다)의 얼음은 유빙이고 남극 대륙(땅) 위의 얼음은 빙하이다. 유빙은 녹아도 바닷물 높이에 전혀 변화를 주지 않지만 육지의 빙하가 녹아 바다로 흘러들면 바닷물 수위가 높아진다.

대로이지만 민물이 빠져나가는 것 같은 효과가 있어 근처의 염분 농도가 높아진다. 따라서 그린란드 근처의 바닷물은 아주 짜다.

짠 바다는 무겁기 때문에 가라앉기 마련이다. 풍부한 영양분과 산소를 갖고 침강하는 바닷물은 심해저 생물에게 먹이와 산소를 공급하여 수심 10km에서도 생물이 살 수 있는 기반이 된다. 이 바닷물이 다시 태양빛을 보는 것은 1,500년 후 태평양에서이다. 마치 거대한 동맥이 심장에서 말초까지 흐르듯 거대한 바다의 흐름은 1,500년을 주기로 바다 깊은 곳까지 생명이 깃들게 한다. 이 순환을 대양 대순환 해류Global Conveyor Belt, GCB 라고 한다.

이 외에도 수많은 해류가 극지방과 적도 사이의 열을 순환시켜 어느 한곳이 너무 춥지도, 덥지도 않게 도와준다. 혈액 또한 열을 운반해 외부 대기와 맞닿은 피부의 온도를 유지시켜 준다. 물을 제외한 혈액의 염류(소금을 포함한 마그네슘, 칼슘 등의 물질) 조성비가 바닷물의 염류 조성비와 거의 일치한다는 사실은 바다가 혈액이라는 비유에 절묘함을 더한다. 한편, 흔히 지구 온난화가 일어나면 더워질 것이라고만 생각한다. 그렇지만 지구 온난화가 발생하면 해류의 흐름이 방해받기 때문에 아주 더워지는 곳과 더불어 아주 추워지는 곳이 생긴다.

바다는 또한 지구의 이불을 만든다. 지구의 이불이란 지구 온난화 덕에 관심이 높아진 온실 가스이다. 이산화탄소 배출이 늘어나 온실 효과가 강해져 지구 생태계와 인류의 생존이 위협받는다는 이야기를 매일같이 듣는다. 사실 온실 효과를 일으키는 가장 큰 원인은 수증기이다. 단위 부피당 온실 효과를 일으키는 정도는 이산화탄소, CFC에 비교할 수 없을 정도로 약하지만 워낙 그 양이 많기 때문에 전체 온실 효과의 36%가 수증기에 기인한다. 요즘 들어 온실 효과가 급작스럽게 증가해서 문제이지만 사실 온실 효과는 지구의 이불이다. 만약 온실 효과가 없다면 지구의 평균 온도는 지금보다 30도나 낮고 밤낮의 온도 차이도 매우 클 것이다.

　　박민규의 소설 「그렇습니까? 기린입니다」에 보면 주인공이 여름에는 화성을, 겨울에는 금성을 부러워하는 장면이 나온다. 그 주인공은 화성의 평균 온도가 영하 63도이고 금성의 평균 온도가 462도라는 사실을 알고 있었을까? 주인공의 소망이 이뤄졌더라면 화성에서는 너무 춥고, 금성에서는 너무 뜨거워서 자신의 선택을 후회하지 않았을까?

　　두 행성의 온도 역시 온실 효과에 의한 것이다. 금성은 이산화탄소가 너무 많아 온실 효과가 강력하고, 화성은 온실 효과가 약해 지역, 시간에 따라 온도차가 클 뿐만 아니라 평균 온도도 낮다. 만약 금성의 대기가 얇아 온실 효과가 거의 없고, 화성이 금성처럼 두꺼운 이산화탄소 대기를 가졌더라면 주인공의 염원이 꽤나 과학적이었을지 모른다. 그런 점에서 지구의 수증기는 참으로 적절한 정도의, 덥지도 춥지도 않은 이불을 만든다. 그 수증기의 원천은 바다이다. 바다는 생명의 실을 제공했고, 지구의 환경은 그 실을 짜서 우리를 덮는 포근한 이불을 만들었다.

• Chloro-fluoro-carbon, 즉 염화플루오르탄소이다. 염소와 불소, 탄소로 이뤄진 화합물로 강력한 온실 가스이다. CFC는 냉장고의 냉매, 스프레이의 추진제, 용매로 사용되었지만 몬트리올 협정에 의해 생산이 금지되었다. CFC는 오존층 파괴의 주범이기도 하다.

2015년 9월, 미국항공우주국 나사(NASA)는 2006년부터 화성 궤도를 돌고 있는 정찰위성의 자료를 토대로 화성 표면에서 소금물이 흘렀던 흔적을 발견했다고 발표했다.

또한 바다는 역동적이다. 해저 열수구에서는 400도가 넘는 뜨거운 물이 분출되는데 그 물에는 황과 같은 무기 물질이 풍부하다. 일부는 뜨겁고 검은 물을 뿜어내는데 이들은 블랙 스모커black smoker라 불린다. 열수구에서 나오는 물은 뜨겁긴 하지만 바닷속은 압력이 크기 때문에 끓지 않으며(끓는점은 압력이 클수록 높아진다.) 물에 포함된 황 성분은 주위 생물들이 살아가는 에너지를 제공한다. 땅에서 뜨거운 물을 뿜어내는 지열 에너지의 근원은 지구 내부에 있는 우라늄, 토륨, 칼륨과 같은 방사성 동위원소의 자연 핵분열이다.

과거의 지구는 아주 뜨거웠고 물질들이 모두 녹아 있는 상태였다. 액체 상태에서는 무거운 물질이 아래쪽으로 향하기 때문에 지구 중심에는 철과 니켈을 비롯하여 무거운 금속이 여럿 있다. 이 중에는 핵폭탄의 원료로 사용되는 우라늄과 토륨 등의 방사성 동위원소도 있다. 그 원자들은 불안정한 상태로 계속 분열하면서 열을 낸다. 지구 내부는 몹시 느리고 커다란 원자력 발전소인 셈이다. 이 에너지는 지열뿐만 아니라 지진과 화산도 일으킨다.

바다는 우리의 어머니라 할 수 있다. 최초의 생명이 바다에서 탄생했기 때문이다. 초기의 바다에는 수많은 유기물이 녹아 있었다. 유기물은 생명체의 몸을 이루고 에너지원으로 사용되기 때문에 초기 바다는 '원시 스프primordial soup'라 불린다. 물 또한 생명을 구성하는 데 있어 필수적이다. 물은 극성이 크기 때문에 많은 이온 물질을 녹일 수 있고 여러 화학 작용이 일어나는 장을 마련하기 때문이다.

생명체도 결국 물질 결합과 화학 작용을 통해 탄생하고 유지되는데 물이 없다면 이런 작용이 제대로 일어날 수 없다. 육지 동물도 태아를 양수에서 키운다는 사실은 생명과 바다의 관계에 대한 실마리를 제공한다. 최초의 생명체는 에너지와 물질이 넘쳐나는 해저 열수구 근처에서 생겨났을 가능성이 높다. 즉 최초의 생명체는 땅속의 열이 바닷속의 물질과 만나 탄생한 셈이다. 게다가 초기 지구에는 산소가 없어 오존층●이 발달하지 못했다. 오존층은 태양에서 날아오는 자외선을 차단하는 역할

● 산소 분자는 O_2이고 오존의 분자식은 O_3이다. 오존은 대기의 산소가 변환되어 만들어진다. 하늘에 있는 오존은 자외선을 차단하여 육지 생명체가 살 수 있도록 도와준다.

을 한다. 오존층이 있는 지금도 자외선이 무서운데, 그마저도 없었던 과거의 자외선은 살인적이었다. 자외선은 에너지가 아주 커서 물질의 구조와 성분을 바꿔 버리기 때문이다.

바다는 자외선으로부터 초기 생명을 보호하였다. 에너지와 물질, 해로운 광선으로부터의 보호라는 삼박자가 맞아 떨어져 생명 탄생이라는 기적이 일어날 수 있었다. 외계 생명을 찾을 때 물과 화산 활동을 먼저 확인하는 것도 비슷한 이유에서이다.

일본 에이후쿠 해저 화산의 열수구 모습. 보통 열수구 근처에는 작은 새우, 게, 문어 등 다양한 생물들이 살고 있다. 또한 심해나 남극의 열수구 근처에서는 아직도 신종 생물군과 고세균이 발견되고 있다.

문학은 과학과 성격이 아주 다르다. 문학은 반증이 필요 없기 때문에 엄밀한 실험과 논리 설계를 하지 않아도 된다. 심지어는 문법조차 따르지 않아도 되기 때문에 시인은 기존의 언어를 재창조하고 변용하여 표현하고자 하는 바를 자유롭게 그려 낼 수 있다. 만일 과학자가 기존 표기법을 무시한 채 논문을 쓴다면 그 논문은 학술지에 실릴 수조차 없다.

때로는 과학이 인문학적 아름다움을 말살할 것이라는 우려가 드러나기도 한다. 존 키츠John Keats의 시 「라미아Lamia」에서는 철학으로 대표되는 차가운 과학 학문이 무지개를 풀어 헤치는 것처럼 인문학적 아름다움을 인지할 수 없도록 방해한다.

비가 내린 후 맑은 하늘에 떠 있는 무지개는 누구에게나 아름답다. 그렇지만 존 키츠는 무지개를 무지개 자체로 보지 않고 빛의 굴절과 'sinθ' 같은 과학적 분석틀로 '풀어 헤치면' 그 아름다움이 소멸된다고 걱정하였다. 비단 무지개만이 아니었다. 과학 지식이 축적되어 가면서 세상 만물이 과학을 통해 해부될 수 있었다. 아지랑이는 봄날의 낭만이 아니고 공기 팽창에 따른 굴절률의 변화였고, 사랑은 숭고한 감정이 아니라 번식을 위한 수단에 불과했다. 아름다운 것들이 냉혹한 과학 지식에 의해 평범한 존재의 따분한 나열이 되어 버린 것이다.

과학 지식은 과학 지식일 뿐 물리학자들 또한 무지개의 아름다움을 느낄 줄 안다. 과학자들도 소설 같은 사랑을 꿈꾸고 시를 읽을 줄 안다. 과학 지식은 결코 무지개를 풀어 헤치지 않는다. 리처드 도킨스

Richard Dawkins의 책 『무지개를 풀며 Unweaving the Rainbow』의 제목이 여기서 왔다. 그 책은 키츠에 대한 반박이며 과학이 자연의 아름다움을 배가시킨다고 말한다.

아리스토텔레스가 말한 것처럼 다른 종과 구분되는 인간의 특징은 이성적 사고이다. 이성적 사고를 하는 인간은 끊임없이 대상을 설명하려고 고민하고 노력했기 때문에 연약한 신체를 가지고도 번성에 성공하였다. 이런 점에서 문학을 포함하는 인문학과 자연과학의 궁극적인 목표는 대동소이하다. 주자와 맹자, 이황과 기대승, 정약용은 인간의 마음이 어떤 성질을 가졌는지 숙고하고 토론하였으며 현대의 신경과학자, 진화심리학자 또한 같은 고민을 갖고 있다. 탈레스의 물질론을 탄생시킨 궁금증은 현대 화학자들의 궁금증과 같으며 고대 우주론을 세운 철학자 아낙시만드로스가 지식이 풍부한 현대에 태어났더라면 천체물리학자가 되었을 것이다.

인문학은 인간의 사상과 문화에 관한 학문이다. 인간 사상의 기초가 되는 직관은 감정과 자연에 대한 관찰에 기반한다. 압도적이고 경이로운 자연 현상을 목격한 인간은 신의 존재를 상상했고, 사물의 변이를 인지했던 플라톤은 이데아의 개념을 창조했다. 자연에 의해 잉태된 인간은 그 자연을 문학적 비유의 소재로 사용했고 그 속에 숨은 법칙을 발견해 나갔다. 완벽하게 설계된 것 같은 자연의 법칙을 발견하던 인간은 다시금 신의 존재를 믿게 되고, 때로는 같은 근거로 신의 존재를 부정하기도 했다.

인문학은 결코 자연과 독립적이지 않다. 관찰과 논리에 기반하여 자연의 비밀을 밝혀내는 자연과학은 인간의 본질과 사상을 탐구하는 인문학과 절차적 방법에 차이가 있기는 하지만 결국 깊은 사유와 상상력의 산물이라는 공통 성질을 갖는다. 이런 점에서 문학이 던지는 화두와 메시지는 인문학 그 자체로 이해할 때보다 자연과학적 시각을 가미해서 경청할 때 더 진실되게 다가온다. 나는 그렇게 믿고 있으며 이 책은 그에 대한 증명 중 하나이다.

밤하늘을
더 아름답게
만드는
천문학

알퐁스 도데의 「별」

창백한 푸른 점(Blue pale dot)

_보이저 1호가 찍은 지구 사진의 이름이자 칼 세이건(Carl Sagan)의 저서 제목

밤중을 지난 무렵인지 죽은 듯이 고요한 속에서 짐승 같은 달의 숨소리가 손에 잡힐 듯이 들리며, 콩포기와 옥수수 잎새가 한층 달에 푸르게 젖었다. 산허리는 온통 메밀밭이어서 피기 시작한 꽃이 소금을 뿌린 듯이 흐뭇한 달빛에 숨이 막힐 지경이다.

_이효석, 『메밀꽃 필 무렵』

밤하늘의 아름다움

지금까지 본 가장 아름다운 밤하늘은 어떤 하늘이었는가? 나는 2005년에 중국 동북 지방(아마 단동丹東 근처였던 것 같다.)에서 보았던 밤하늘을 잊을 수 없다. 중학교 3학년이었던 나는 고구려 문화 유적 답사를 위해 배를 타고 중국에 가서 난생 처음으로 이국땅을 밟아 보았다. 행정적 구분만 다를 뿐 내가 살던 곳과 동일한 생물이 살고 동일한 중력 법칙이 작용한다는 사실이 새삼스레 신기하기도 했다. 우리는 세 대의 버스에 나눠 타고 이동했는데 어느 날 밤에 한 버스가 고장이 났다. 목적지까지 한참 남은 상황이었다.

기사가 버스를 수리하는 동안 우리는 버스에서 내려 주위를 둘러봤는데 밤하늘에 별이 그렇게 많다는 걸 그때 처음 알았다. 개발이 되지 않은 지역이다 보니 공기가 맑아 하늘은 바늘 꽃을 틈도 없을 만큼 크고 작은 별들로 빽빽했다. 왜 고대 사람들이 별자리에 이름을 붙이고 거기에 이야기를 만들었는지 단번에 깨달았다. 별은 여전히 그때처럼 반짝이지만 내가 사는 곳에서는 빛 공해와 공기 오염 때문에 그 별들을 제대로 보지 못한다. 고대인의 감수성과 상상력을 자극한 그 광경을 보지 못하는 것은 꽤나 슬픈 일이다.

비트겐슈타인이 지적한 것처럼 정확한 뜻을 알고 단어를 사용하는 것은 의사소통의 기본이다. 침팬지를 보고 원숭이라고 부른다거나, 조류 독감 바이러스를 세균이라고 부르거나, 거미를 곤충이라고 말하거나, 또는 지구를 별이라고 부르는 것처럼 잘못된 단어를 사용하는 경우가 빈번하다.˙ 밤하늘에서 우리가 볼 수 있는 것은 크게 항성, 행성, 위성 그리고 혜성이다. 가장 많이 보이는 것은 항성恒星, star, 별˙˙이다. 항성은 스스로 빛을 내는 천체이다. 별이 빛을 낼 수 있는 이유는 별이 커다란 핵 발전소이기 때문이다.

먼지와 가스가 아주 많이 모이면 중심부의 온도가 높아진다. 원자핵이 서로 부딪혀 한 덩어리가 될 만큼 뜨거워지면 핵융합 반응˙˙˙이 일어나면서 막대한 에너지가 방출된다. 태양도 매 순간 수소를 결합시켜 헬륨을 만들고 거기서 나오는 에너지로 지구에 생명의 빛을 선사한다.

˙ 원숭이와 침팬지는 모두 영장류이지만 침팬지는 사람처럼 꼬리가 없기에 원숭이가 아닌 유인원이다. 바이러스는 세균보다 훨씬 작고 스스로 복제할 수 없다. 곤충은 다리가 6개지만 거미는 다리가 8개인 절지동물이다. 지구는 별이 아니고 스스로 빛을 낼 수 없는 행성이다.

˙˙ 별은 지구, 달, 태양을 제외한 천체(그러니까 하늘에 보이는 작은 점들)를 뜻하기도 하지만 천문학에서는 항성을 별이라고 부른다.

˙˙˙ 핵융합 반응은 가벼운 원자들이 충돌해 무거운 원자로 합쳐지면서 에너지를 내뿜는 현상이다.

반면 위성이나 행성은 빛을 반사할 뿐 스스로 빛을 내지는 못한다. 항성의 또 다른 이름은 붙박이 별이다. 별들은 워낙 멀리 있어서 지구의 움직임을 고려하지 않는다면 가만히 있는 것처럼 보인다.

가스와 먼지가 응축될 때 중심부에서는 별이 태어나고 주위에도 작은 덩어리들이 생기는데 이들이 행성이다. 행성은 항성 주위를 돌면서 항성의 빛을 반사시킨다. 질량이 작아서 핵융합을 일으킬 수 없기 때문에 스스로 빛을 내지는 못한다. 지구를 포함해 수성·금성·화성·목성·토성·천왕성·해왕성이 모두 태양의 행성들이다.

행성行星, planet은 말 그대로 움직이는 천체인데 순전히 지구에 사는 인간의 입장에서 이름을 붙인 것이다. 우리가 아는 행성들은 지구와 가깝기에 그 움직임이 관측 가능하기 때문이다. 멀리 있는 별과 그 주위의 행성도 빠르게 움직이지만 아주 멀리 있으므로 그냥 가만히 있는 것처럼 보인다. 아주 빠른 비행기도 멀리서 보면 느리게 보이는 것과 같은 원리이다.

한편 우주를 떠도는 바위 덩어리들이 행성 주위를 도는 경우가 있는데 이들은 위성이라 불린다. 우리가 잘 아는 위성은 달이다. 우주로 쏘아 올린 인공위성들도 지구를 돌고 있으므로 위성이라고 볼 수 있다. 위성은 크기가 작고 빛을 내지 않기 때문에 우리가 맨눈으로 볼 수 있는 유일한 위성은 달이다.(인공위성도 위성이라고 본다면 가끔 우주 정거장을 별처럼 볼 수도 있다.) 거대한 얼음으로 뒤덮인 유로파는 목성의 위성이고 탄화수소 바다가 있는 타이탄은 토성의 위성이다. 엔셀라두스도 토성의 위성인데 얼음과 수증기가 뿜어져 나오는 모습이 관측되었다. 세 위성 모두 생명

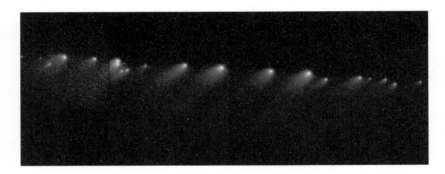

슈메이커-레비 9 혜성의 사진. ⓒNASA

슈메이커-레비 9 혜성은 목성의 중력에 의해 21개의 조각으로 쪼개져 1994년 7월 16일~22일
까지 차례로 목성의 남반구에 충돌했다. 그 폭발력은 TNT 약 6조 톤의 폭발력과 맞먹는 수준이
었고, 목성에 커다란 충돌 흔적을 남겼다. 그 흔적의 크기는 지구가 들어가고도 남을 만할 정도로
컸다. 혜성의 조각들은 각각 약 1~3km 정도의 크기였는데 만약 이만한 조각 하나가 지구에 떨
어진다면 참혹한 재앙이 될 것이다.

이 있을 가능성이 있다.

혜성彗星, comet은 태양 주위를 돌면서 태양에 가까워질 때 가스와 수증기, 이온, 먼지로 이뤄진 긴 꼬리를 만드는 작은 천체이다. 핼리 혜성은 75~76년에 한 번씩 지구 근처를 지난다. 과거에는 불운의 상징이었지만 에드먼드 핼리Edmond Halley가 핼리 혜성의 주기성을 발견했다. 마지막으로 나타난 게 1986년이므로 다음 출연 시기는 2062년이다. 천문학에 관심이 많은 사람이 주위에 있다면 2062년 달력을 선물하는 것도 나쁘지 않을 것 같다. '슈메이커-레비 9' 혜성은 1994년에 목성과 충돌하는 '우주 쇼'를 선보이기도 했다. 가미카제 같았던 그 충격으로 목성 대기에 생긴 흔적은 일주일 동안이나 망원경으로 관측 가능했으며 목성의 고리에도 중력에 의한 파동을 만들었다.

드라마와 같은 여러 매체에서 외계인이 별에서 왔다는 말을 하는데 그것은 거의 불가능하다. 상상을 초월할 정도로 뜨거운 별에서는 생명은커녕 분자조차 존재할 수 없다. 별 주위의 물질들은 모두 플라즈마 상태로 존재하는데 플라즈마란 원자핵에서 전자가 분리된, 고체와 액체와 기체를 넘어서는 제4의 상태이다. 생명 현상을 위해서는 물질들이 안정적으로 결합해야 하는데 별 근처에서 그런 현상을 기대할 수는 없다. 만약에 외계인이 있다면 이들의 고향은 분명 행성이나 위성이다.

행성이든 위성이든 항성이든 그 무엇이든 하늘에서 빛나는 것은 인간의 상상력과 감수성을 자극하기에 충분하다. 당연한 말이지만 하늘의 별은 밤에 보인다. 불빛 하나 없는 고요한 밤에는 인간의 신진대사가 느려지고 시각, 청각 정보가 줄어들어 자신의 감정에 온전히 집중할 수 있다. 이런 이유 때문에 밤에는 많은 이가 시인이 된다. 아름다운 별이 세상의 반을 채우고 있는 상황에서 느끼는 그 감정은 문학이 아니고서는 표현할 방법이 없다. 알퐁스 도데의 「별」에는 밤의 아름다움이 순수한 목동의 시야를 통해 드러난다.

> 만일 별 아래서 밤을 보낸 적이 있다면, 대부분의 사람들이 자는 그 시간 동안 신비한 세상이 고독과 고요 속에서 깨어난다는 것을 알 것이다. 계곡은 더 선명하게 노래하고 연못은 별빛을 돌려준다. 모든 산의 정령들이 다가와 자유로이 돌아다니고 공기는 가벼운 어루만짐과 겨우 느낄 만한 소리로 가득 차 있어서 나뭇가지가 자라는 소리, 잔디가 올라오는 소리도 들릴 것만 같다. 낮은 살아 있는 것들의 삶이고 밤은 사물들의 삶이다. 그런 삶에 익숙해지지 않으면 두려워질 것이다. 그래서 내 주인님의 딸은 아주 작은 소리에도 몸을 떨며 나에게 기대 왔다.

밤하늘의 별은 우리의 마음을 비워 준다. 걱정과 미래를 잊은 채 우리가 살고 있는 그 순간순간이 아름답다는 사실을 아주 오래도록 곱씹게 한다. 게다가 별은 아주 멀리 떨어져 있어 별빛이 지구에 도착하는 데

• 때문에 북극 지방에서는 여름에 별이 보이지 않고, 남극 지방에서는 겨울에 별이 보이지 않는다. 해가 지지 않는 백야 현상은 별이나 오로라를 볼 기회를 앗아 간다.

오랜 세월이 걸린다. 우리가 보는 별빛이 실은 수 년~수백만 년 전의 빛이라는 사실은 별빛을 한층 더 낭만적으로 만든다.**

불빛 하나 없는 옛날에는 밤에 보이는 게 별밖에 없지 않았을까? 과거 사람들은 그 별을 보면서 무슨 생각을 했을까? 인간은 생각하는 동물이고 별을 보며 그들의 존재 이유에 대해 고민하고 밤하늘을 캔버스 삼아 자신의 상상력을 마음껏 펼쳤을 것이다. 알퐁스 도데의 「별」에 나오는 화자 역시 매일 밤 별자리를 보기 때문에 그와 관련한 수많은 이야기를 풀어놓는다. 별자리 이야기를 상상해 낸 사람들 중에는 분명 밤새 별을 바라봤던 목동도 있었을 것이다.

그리스 로마 신화에도 별자리에 관한 이야기가 자주 등장한다. 특히 북극성을 중심으로 모든 별이 한 시간에 15도씩 움직이는 모습은 전갈을 피해 달아나는 오리온을 연상시켰다. 포세이돈의 아들이자 훌륭한 사냥꾼이었던 오리온은 전갈의 독에 의해 죽었다. 그는 전갈과 함께 밤하늘의 별자리가 되었는데 천체상의 위치 특성으로 인해 동쪽에서 전갈자리가 떠오르면 서쪽에 있던 오리온자리는 얼마 지나지 않아 지평선 너머로 사라진다. 두 별자리가 천구 상에서 거의 대척점에 위치하기 때문이다.

별들은 지구의 자전 때문에 동쪽에서 서쪽으로 움직이는 것처럼 보인다. 자전 속도는 과거에는 더 빨랐다. 산호는 하루하루씩 자라

** 맨눈으로 볼 수 있는 가장 멀리 떨어진 천체는 M33 삼각형자리 은하이다. 지구로부터 270만 광년 떨어져 있다. M33에서 출발한 빛이 지구까지 오는데 270만 년이 걸린다는 뜻이다.

기 때문에 나무의 나이테처럼 그 단면을 통해 시간의 역사를 알려준다. 과거 산호 화석을 보면 1년이 400일을 넘었다는 사실을 알 수 있다. 1년이라는 시간, 즉 지구가 태양을 한 바퀴 도는 동안 더 많이 자전한 것이다.

지구의 자전 속도는 지금도 점점 느려지고 있는데 그 이유는 바닷물과 달 사이의 중력 브레이크 때문이다. 이런 이유 때문에 고대인이 보는 별들은 지금보다 더 빨리 움직였다. 따라서 과거에는 물체가 운동할 때 받는 코리올리 힘도 더 강했고 조수 간만의 주기 역시 지금보다 짧았을 것이다.

밤하늘을 오래도록 보고 있어도 별들이 움직인다는 느낌은 거의 받을 수 없다. 몇 시간이 지나 다시 하늘을 보아야 아까와 다르다는 것을 느낄 정도다. 그렇지만 고배율 망원경으로 하늘을 보면 별이 움직이는 게 눈에 들어온다. 지구의 자전을 감각할 수 있는 짜릿한 경험이다. 그 움직임은 천체 관측을 할 때 꽤나 신경이 쓰이는 부분이다. 특수 장비를 사용하지 않는 이상 한 천체를 오래도록 보기 위해서는 몇 분에 한 번씩 망원경을 움직여서 도망가는 천체를 따라가야 하기 때문이다.

• 달은 지구 위에 있는 바닷물을 끌어당기기 때문에 바닷물이 부푼 부분과 그렇지 않은 부분을 만든다. 달에 의해 부풀어 오른 바닷물이 지구 자전 때문에 움직이면서 달과 중력 상호작용을 하는데 이 때문에 지구의 자전은 느려지고 달의 공전은 빨라진다. 즉 지구의 회전 운동 에너지를 달에 전달하는 결과가 발생한다.

인간에게 태양이란, 태양에게 인간이란

하늘에서 가장 밝은 것은 물론 태양이다. 지구에서 보기에 얼마나 밝은 천체인지를 따질 때 겉보기 등급이라는 단위를 사용한다. 겉보기 등급은 2세기 그리스의 천문학자 히파르쿠스가 사용하기 시작했다. 그는 잘 보이는 별을 1등급, 겨우 보이는 별을 6등급으로 분류했다. 이후 과학자들이 정량적으로 분석한 결과 1등급 별은 6등급 별에 비해 대략 100배 더 밝았다.

즉 등급이 다섯 단계 차이가 날 때 밝기 차이는 100배이므로, 한 등급 당 밝기는 약 2.5배 차이가 나는 셈이다. 예를 들어 2등성과 4등성의 밝기 차이는 6.25배(2.5×2.5배)이다. 이러한 사고를 확장시키면 1등급보다 낮은 등급과 6등급보다 높은 등급을 생각해 볼 수 있다. 이런 방식을 통해 지구에서 보는 태양이 −26.8등급이라는 것을 알 수 있다. 태양이 1등성보다 1,300억 배 정도 밝다는 뜻이다.

다른 별과 비교해서 태양은 어두운 편에 속하지만 지구 바로 옆에 있기 때문에 인간이라는 미약한 존재에게 그 위력은 절대적이다. 태양이 없는 지구는 애당초 생성될 수도 없었지만(행성은 별 주위에서 탄생하므로) 평균 온도 영하 270도의 차가운 우주 공간에 홀로 놓아진 돌덩어리에서 생명이 자라나기를 기대하는 것은 남극점에서 야자수가 자라기를 바라는 것보다 더 절망적일 것이다.

우리는 음식을 섭취하여 생활에 필요한 힘을 얻는다. 음식은 곧 생명체인데, 생명체는 다른 생물을 먹거나 햇빛으로부터 에너지를 만들어 성장한다. 생태계 먹이 사슬의 가장 끝까지 가다 보면 햇빛으로부터 에너지를 만드는 생물이 나온다. 예를 들어 사자가 잡아먹는 얼룩말은 풀을 먹고 산다. 풀은 태양빛을 통해 성장한다. 결국 생명체는 모두 햇빛으로부터 양분을 얻는다고 볼 수 있다.

　　석유나 석탄 같은 화석 연료 또한 생물체가 죽어서 생긴 것이므로 결국 그 근본적 에너지원은 태양이다. 전 지구적으로 부는 바람인 무역풍, 편서풍, 극동풍 또한 위도에 따른 태양 에너지 차이와 지구 운동이 합쳐진 결과이다. 가볍게 부는 바람도 보통 태양빛에 의한 온도 변화로 공기가 이동하면서 생기고, 열대 저기압 또한 태양에 의해 증발된 수증기가 가진 에너지로 만들어진다. 태양에서 오는 에너지는 비를 내리게 하며 오로라를 그리고 때로는 델린저 현상이라 부르는 전파 방해도 일으킨다. 이집트의 라, 힌두교의 수르야, 잉카의 인티를 비롯해 여러 문명에서 태양을 신으로 섬긴 것은 자연스러운 일이다.

　　태양이 어머니처럼 지구 생물을 먹여 살릴 수 있는 이유는 매 순간 수소 핵융합에 의해 엄청난 에너지를 우주로 쏟아내기 때문이다. 불이 붙기 위해서는 일정 온도를 넘어야 하는 것처럼 핵융합이 일어나기 위해서는 특정 온도 이상이 유지되어야 한다. 수소의 경우 이 온도는 1,000만 도이다. 이처럼 높은 온도가 필요한 이유는 원자핵 사이의 반발

• 아주 극소수의 예외가 있기는 하다. 황세균(sulfur bacteria)들은 황을 이용한 화학 반응으로 에너지를 만들어 낸다.

•• 열대 저기압은 말 그대로 열대 지역에서 생성되는 저기압이다. 강력한 바람과 비를 동반하며 생성 지역에 따라 태풍, 윌리윌리, 허리케인 등의 이름으로 불린다.

력 때문이다. 핵융합이 일어나려면 원자핵과 원자핵이 강한 속력으로 충돌해야 하는데 원자핵은 양전하를 띠기 때문에 서로 밀어내려는 성질이 있다. 게다가 반발력의 크기는 거리의 제곱에 반비례하므로 가까운 거리에서의 반발력은 매우 크다.

1,000만 도라는 비현실적인 온도조차 모든 원자핵 중에 전하가 가장 작은 수소 원자핵을 겨우 융합시킬 수 있을 뿐이다. 수소 가스 덩어리의 내부가 이 온도까지 뜨거워져야만 스스로 빛을 내는 별이 될 수 있다. 행성 중에 덩치가 가장 큰 목성도 지금보다 더 무거웠더라면 별이 되었을 것이다.

태양에서 지구까지의 거리는 1억 4,960만km다. 빛의 속도로는 8분 19초가 걸리기 때문에 설령 태양이 갑자기 사라진다 하더라도 우리는 8분 동안 그 사실을 알 수 없다. 천문학에서는 태양과 지구 사이의 거리를 1AU Astronomical Unit, 천문단위로 정의한다. 태양계에서 AU는 지구에서 미터와 다름없을 정도의 기본 단위로 요긴하게 활용된다.

태양빛의 에너지를 지구 궤도에서 측정한 것이 태양 상수이다. 그 값은 $1cm^2$의 면적에 1분 동안 얼마만큼의 에너지가 들어오는지를 통해 측정한다. 지구 밖에서 측정한 태양 상수는 $1.9cal/cm^2 \cdot min$ •••

••• 물리에서는 차원이 중요하다. 5m라는 것은 거리를 뜻하고 20초는 시간을 뜻하지만 '저 상자의 무게가 얼마야?'라는 질문에 차원 없이 그냥 20이라고 답하는 것은 무의미하다. $x\,cal/cm^2 \cdot min$의 물리적 의미는 $1cm^2$의 면적에 1분 동안 $x\,cal$의 열이 전달되었다는 뜻이다. 태양 복사 에너지 값을 알고 있으면 햇빛 아래 놔둔 시원한 음료수가 몇 분 만에 못 마실 정도로 뜨거워질지 대충 예측해 볼 수 있다.

이다. 지구에 들어온 태양빛은 대기에 의해 흡수, 반사, 산란되기 때문에 지표면에서 측정한 태양 복사 에너지는 태양 상수보다 조금 작은 $1.4cal/cm^2 \cdot min$이다. 1cal는 물 1g의 온도를 1도 올리는 데 필요한 에너지이다. 다이어트를 하면서 우리와 친숙해진 그 칼로리(cal) 단위이다. 이 값은 아주 작아 보이지만 전 지구적으로 보면 막대한 양이다.

간단한 계산을 통해 1시간 동안 지구에 오는 태양빛을 전부 사용 가능한 에너지로 바꿀 수 있다면 인류는 1년 동안 에너지 걱정을 하지 않아도 된다는 놀라운 사실을 알 수 있다. 현재 30%를 넘기 어려운 태양광 전지판의 효율이 높아지고 그 값이 싸진다면 태양 에너지를 통해 석유에 의존하던 에너지 수급을 일정 부분 대체할 수 있다.

이제는 지구의 관점에서 태양을 바라보지 말고 태양의 관점에서 지구를 바라보자. 태양에 눈이 달렸다면 우리가 사는 이 지구를 볼 수나 있을까? 사실 우리가 떠받드는 태양이란 존재는 지구라는 조그마한 행성에 대해 별다른 관심이 없다.

뉴턴의 작용 반작용의 법칙에 의해 태양이 지구를 당기는 만큼 지구도 태양을 당긴다. 때문에 지구가 태양 주위를 돌 때 아주 미세하기는 하지만 태양도 약간 흔들린다. 그렇지만 지구와 태양의 질량 차이가 너무 크기 때문에 지구가 초속 10만km의 엄청난 속도로 움직이더라도 태양은 거의 정지한 것처럼 미세하게 움직일 뿐이다. 태양이 관심을 갖는 것은 지구가 아니라 거대한 은하의 중심이다. 태양은 은하 주위를 초속 220km로 2억 3,000만 년에 한 번씩 공전한다. 뿐만 아니라 은하면의 위아래를 왕복하는 진동 운동까지 한다.

태양은 생명의 탄생과 생존을 이끈 어머니와도 같은 존재이지만 태양에서 보는 지구는 밤하늘의 작은 점에 불과할 뿐이다. 반면 지구에서 태양을 보려면 눈이 부셔서 제대로 볼 수가 없다. 이런 비대칭성은 나에게 시적 영감으로 다가왔다. 다음 작품은 내가 쓴 「흰 태양」이라는 시이다.

온 하늘을 찬란히 덮는 당신의 광채는
타르타로스보다 어두운 우주를 지나
성모 같은 손길로 만물을 포옹한다

그 손길이 하도 따스하여
존엄한 실체 보려 고개를 드니
당신은 불화살 같은 매서움으로
나의 응시를 허락조차 않는다

당신은 사랑으로 우리를 살찌우나
당신이 그리워 밤새 잠을 못 이뤄도
근엄이란 미명 아래 우리에게
단 한 번의 다가감도 관용하지 않는다

여기는 찬바람 부는 슬픈 대지
소리 질러도 바스러지는 외로운 공간

나의 오랜 눈물 자국마저 말려 버리는 당신은
흰옷을 입은 채 누구를 향해 미소짓는가.

　이 시는 그냥 햇빛에 대한 시로 보일 수 있지만 내가 말하고 싶었던 진짜 이야기는 사람과 사람 사이의 관계였다. 우리 주위에는 태양처럼 거대하고 아름다운 빛을 발산하는 사람이 있다. 주위의 사람들은 그 사람에게 영향을 받으며 그 사람을 동경한다. 그렇지만 빛을 내는 그는 워낙 관심을 많이 받기 때문에 작은 행성과 같은 이들에게는 전혀 관심을 주지 않는다.

　당신에게 관심은 없지만 매력이 넘치는 사람을 사랑해 본 적이 있는가? 스스로가 마치 태양을 바라보는 작은 지구와 같지 않았는가? 태양은 우리에게 전부나 다름없지만 태양을 바라보려면 눈이 부셔서 제대로 쳐다볼 수 없다. 우리가 바라보는 그 사람 역시 당신의 다가감을 불허하지 않았는가? 일곱 난쟁이가 눈처럼 빛나는 백설 공주Snow White를 사랑하더라도 백설 공주가 바라보는 존재는 백마 탄 왕자님인 것처럼, 태양이 흰 옷을 입은 채 미소짓는 대상은 결국 은하의 중심, 즉 자기보다 더 거대한 존재이다.

중력은 우주의 문법

한편 별과 행성들은 모두 먼지와 가스가 모여서 만들어졌다. 이들이 서로 모일 수 있었던 이유는 질량이 있는 것들끼리 서로 끌어당기는 힘인 중력 덕분이다. 태초에 우주가 시작되었을 때 아주 작은 비균질이 있었다. 밀도가 미세하게 높은 부분은 주위의 물체를 아주 약하게 잡아당겼는데 주위에서 다가온 물질들은 이 힘을 더 강하게 해 주었다. 시간이 지날수록 짙은 곳은 더 짙어지고 옅은 곳은 더 옅어졌다. 밀도가 높은 곳에서는 중력에 의한 자체 응축으로 은하들이 태어났다.

별들은 빛을 내다가 자신의 질량에 따라 말미에는 차가운 가스 덩어리가 되거나, 거대한 폭발을 일으키거나, 또는 폭발 후 블랙홀이 되었다. 폭발을 일으키는 것들은 자신의 몸 덩어리를 또다시 먼지와 가스의 형태로 온 우주에 흩뿌렸고 새로운 별이 탄생할 순환의 고리를 만들었다. 인간이 소리를 통해 의사소통을 한다면 중력은 우주라는 대서사시를 지배하는 문법이다.

중력은 자연계에 존재하는 네 가지 힘 중의 하나°이고 그 크기가 아주 약하다. 아주 약하기 때문에 인간이라는 나약한 존재가 지름 1만 2,800km의 돌덩어리가 잡아당기는 힘을 이긴 채 물건을 들어 올릴 수 있다. 당신이 이 책을 들고 있다면 당신은 지구 전체가 이 책을 끌어당기는 것보다 더 강한 힘을 가졌다는 뜻이다. 중력은 가스를 별로 탄

° 힘이 겨우 네 가지밖에 안 된다는 사실에 의아해할 수도 있다. 이들은 중력, 전자기력, 약한 핵력, 강한 핵력이다. 수직항력이나 마찰력, 장력은 전자기력의 다른 형태이다. 이들은 원자 간의 전자기력에 의해 발생하기 때문이다. 예를 들어 원자 주위를 도는 전자들은 다른 원자의 전자가 다가오면 서로 반발하는데 그 이유 때문에 두 물체는 겹쳐지지 못하고 수직항력이 발생한다.

생시키고 은하를 만들며 행성이 별 주위를 돌게 만들어 준다. 중력의 크기는 거리의 제곱에 반비례하는데 이 생각은 우리의 직관과도 잘 부합한다.

　　우리는 3차원 세상에 살고 있으므로 어떤 점에서 파동이 퍼져 나간다면 파동의 에너지는 이동한 거리를 반지름으로 갖는 구에 퍼질 것이다. 구의 표면적은 반지름의 제곱에 비례하기 때문에 파동의 에너지 밀도는 반지름의 제곱에 반비례한다. 중력을 그러한 파동이라 생각한다면 중력의 세기도 거리(반지름)의 제곱에 반비례한다. 또한 질량이 많으면 그만큼 많이 잡아당기므로 중력이 질량에 비례하는 것도 꽤나 당연해 보인다.

　　이론적으로 중력은 무한히 퍼져 나가고 먼 거리에서도 우리가 아는 중력식*이 성립한다고 알려져 있다. 힘은 물체의 운동 상태를 바꾸는 역할을 한다. 좀 더 엄밀하게 말한다면 속도 변화의 경향성, 즉 가속도에 영향을 미치는데 이것은 아이작 뉴턴의 유명한 식 $F=ma$를 통해 잘 알려져 있다. 중력과 같이 넓은 공간에 영향을 미치는 장field은 물체에 퍼텐셜 에너지potential energy, 위치 에너지를 선사한다. 퍼텐셜 에너지는 직접 볼 수는 없지만 장에 의해 생겨날 수 있는 가능성potential이 있는 에

---

* 두 물체 사이에 작용하는 중력의 크기는 두 물체의 질량에 비례한다. 즉 무거운 것들은 더 큰 중력을 작용한다는 뜻이다. 또 두 물체가 멀면 멀수록 중력의 크기가 약해진다. 이를 수학적으로 표현하면 $F=G\dfrac{m_1 m_2}{r^2}$이 된다. m_1, m_2는 두 물체의 질량이고 r은 두 물체 사이의 거리이다. G는 단순한 비례 상수인데 이 값이 아주아주 작기 때문에 보통 물체(자동차나 냉장고)에 대해서는 중력이 느껴지지 않는다. 별이나 행성 정도는 되어야 중력을 느낄 수 있다.

너지이다. 지상에서 100m 위에 있는 야구공은 중력 퍼텐셜 에너지에 의해 생명을 위협하는 흉기로 돌변할 '가능성'이 있다.

　　위로 던져진 물체는 높이가 높아지면서 퍼텐셜 에너지가 증가하는 대신 그만큼 운동 에너지(속력)를 잃는다. 그렇다면 물체를 아주 빨리 던지면 영원히 멀어지지 않을까라는 생각을 해 볼 수 있다. 그 의문에 대한 해답은 중력식의 형태에 달려 있는데, 중력은 $1/r^2$으로 줄어들기 때문에 이러한 속박으로부터의 탈출이 가능하다.

　　지구의 중력은 바깥으로 움직이는 물체에 대하여 일을 하고 그 일은 중력 퍼텐셜 에너지로 저장된다. 우리가 확인할 부분은 거리가 늘어나면서 퍼텐셜 에너지가 무한히 커지는가이다. 퍼텐셜 에너지가 무한하지 않다면 어떤 속력 이상으로 물체를 던지면 물체는 영원히 멀어질 수 있다. 어떤 지점 P에서 출발해 바깥쪽의 지점 X까지 다다른 물체에 중력이 하는 일은 다음과 같다. 그 일은 물체의 위치 에너지를 늘리는 역할을 한다.

$$\int_{P}^{X} G \frac{m_1 m_2}{r^2} dr$$

　　이 수식은 중력식을 거리에 대해 적분한 형태이다. G와 m_1과 m_2는 상수이므로 $1/r^2$을 무한까지 적분한 것이 무한한지 확인하면 되는데, 고등학교 수준의 미적분 지식이 있다면 이 값이 무한하지 않다는 것을 알 수 있다. 즉 하늘을 향해 아주 빠른 속도로 발사된 물체는 속력이 점점 느려지기는 하지만 멈추지 않고 우주를 유영할 수 있다. 이것은 지구뿐만 아니라 거의 모든 천체에도 적용되는 사실이다.

유일한 예외는 블랙홀이다. 블랙홀의 표면에서 중력의 속박을 벗어나려면 빛의 속도로 던져져야 한다. 그렇지만 이 세상 어느 물체도 빛보다 빠를 수 없기 때문에 한번 블랙홀로 들어간 물체는 블랙홀로부터 탈출할 수 없다.

중력이 $1/r^2$에 비례한다는 성질 때문에 물체를 어떠한 속력 이상 (이 속력을 탈출 속력이라 부른다.)으로 던지면 무한히 멀어질 수 있다. 만약 중력이 $1/r$에 비례했더라면 아무리 물체를 세게 던져도 결국 다시 돌아올 운명에 처한다. $\int 1/r$은 무한히 커지기 때문이다. 이같은 중력의 성질 때문에 지구에서 발사된 인공위성 중에는 영원히 지구로부터 멀어지는 것이 있다.

1977년에 발사된 보이저 2호와 1호[*]는 태양계의 외행성(태양계 행성 중에서 지구보다 바깥쪽에 있는 것들)들을 관측하여 화성을 빼고는 이들에게 모두 고리가 있다는 것을 발견했다. 두 위성 모두 현재는 태양계를 빠져나가 우주를 여행하고 있다. 보이저 호는 영원히 우주를 항해할 것이므로 혹 외계 생명체에게 발견될 경우를 대비해 우리에 관한 정보와 몇 가지 소리, 그림을 기록해 두었다. 보이저 호가 지구로부터 영원히 멀어진다는 사실은 김현욱의 시 「보이저 氏」의 핵심 소재이기도 하다.

중력이 $1/r^2$이 아니라 $1/r^3$이나 $1/r^4$에 비례하여도 인공위성이

---

* 1호와 2호는 같은 날 발사될 예정이었지만 시스템 불량으로 인해 2호가 8월 20일, 1호가 9월 5일에 발사되었다.

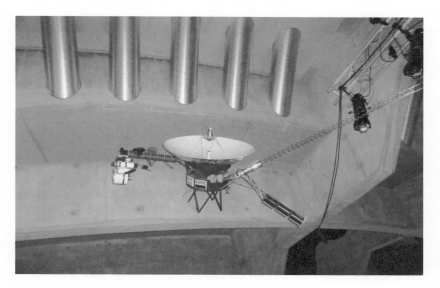

독일 티코 브라헤 플라네타리움에 전시된 보이저 1호의 모형.

영원히 지구로부터 멀어지는 것은 맞다. $\int 1/r^3$이나 $\int 1/r^4$도 유한하기 때문이다.** 그렇지만 만약 정말로 중력이 $1/r^3$이나 $1/r^4$처럼 작용했더라면 인류가 인공위성을 쏘아 올리는 일은 애당초 불가능하다. 인류 문명의 요람인 지구가 존재할 수 없기 때문이다.

중력이 어떤 형태로 작용하건 간에 지구는 태양 주위를 정확한 원 궤도로 돌 수 있다. 그렇지만 실제로는 운석 충돌처럼 원 궤도를 방해하는 요소들이 많이 존재한다. 궤도가 안정적인지 판단하기 위해서는 약

** $\int 1/r^n$에서 n이 1보다 큰 실수이면 $\int 1/r^n$은 유한하다.

간의 흔들림이 있을 때 그 흔들림이 증폭되는지 혹은 감소되는지 알아보아야 한다. 엄밀한 수학적 계산에 따르면 $1/r^n$에서 n이 3보다 커지면 작은 흔들림은 점점 커져서 지구는 태양으로 빨려 들어가거나 태양으로부터 영영 멀어진다. 별 주위를 도는 행성이 존재할 수 없는 것이다. 즉 중력이 $1/r^n$으로 작용한다고 했을 때 탈출을 가능하게 하는 동시에 지구 궤도를 안정적으로 만드는 자연수 n은 오직 2밖에 없다.

우리가 사는 세상은 정확히 그 조건을 만족한다. 3차원 공간에 중력이 퍼져 중력이 $1/r^2$에 반비례한다고 해도 이것은 매우 절묘해 보인다. 현대 물리학에서 말하는 숨은 차원들에 의한 영향을 받는다면 중력이 꼭 $1/r^2$을 따르지 않을 수도 있기 때문이다.

중력상수 G 또한 마찬가지이다. 빅뱅 이후부터 현재까지의 우주를 컴퓨터 시뮬레이션 해본 결과 중력의 세기를 결정하는 중력상수는 아주 적절한 범위 안에 있어서 지금처럼 은하가 만들어지고 별과 행성이 안정적으로 돌 수 있는 조건을 만들어 주었다. 시뮬레이션 결과에 따르면 G값이 지금보다 작은 세상에서는 은하가 형성될 수 없고 물질들이 모두 흩어져 버린다. G값이 지금보다 크다면, 즉 중력이 지금보다 강하게 작용한다면 대부분의 천체는 블랙홀로 변해 버려서 우리가 살고 있는 안정적인 태양계가 만들어지지 못했을 가능성이 높다. 즉 생명이 태어나고 고도의 지능을 갖춘 인간이 태어나 이렇게 문명사회를 이룬 것은 중력의 차원뿐만 아니라 그 크기까지 알맞았기 때문에 가능한 일이다. 중력은 우주의 운명을 결정지었다.

지구가 너무 춥지도, 덥지도 않은 골디락스 존Goldilocks zone, 또는 해비터블 존Habitable zone에 위치하는 것과 주위에 다른 운석을 막아 주는 태양, 달, 목성이라는 방패가 있다는 것도(물론 우주는 넓으므로 이런 환경을 가진 행성 또한 많이 있겠지만) 우리가 사는 이곳에 특별함을 더해 준다. 지구가 태양으로부터 좀 더 멀리 있었더라면 생명이 살기에 너무 추웠을 테고 좀 더 가까웠거나 이산화탄소 농도가 더 높았더라면 생명이 살기 너무 더웠을 것이다. 자외선을 막아 주는 오존층도 있고 다른 천체에서는 찾아보기 어려운 물, 산소, 탄소 같은 희귀한 물질이 지천에 널려 있다. 절묘한 조건이 만족되어 인간이 지구 위에서 살아갈 수 있다는 사실을 음미해 보면 마치 조물주가 존재하여 세상을 창조했다는 인상을 받기도 한다.

우주에는 대략 10^{21}개의 별이 있고 그 별들은 20%에서 50% 확률로 행성을 동반한다. 그렇다면 지구처럼 생명이 살기에 적합한 환경을 갖춘 행성도 여럿 존재하지 않을까? 우리가 속해 있는 이 은하에도 우리처럼 고도의 문명을 이뤄서 우리와 교신할 수 있는 생명체가 있지 않을까?

몇 가지 값을 추측하기만 하면 우리 은하 안에 교신할 수 있는 문명이 얼마나 많이 존재하는지 알 수 있다. 드레이크 방정식Drake's equation에서는 몇 가지 확률과 수치의 곱을 통해 그 값을 예측한다. 우리 은하에서 1년에 별이 하나씩 태어나고 별 하나당 생명을 품을 수 있는 행성이 1개 정도이며 또 그 행성에서 약 1,000년 동안 고도의 문명이 유지

지구로부터 1,400광년 떨어진 항성계에 위치한 외계 행성 Kepler 452b(상상도)는 해비터블 존을 공전하고 있어 지구와 유사한 환경일 것으로 추정된다. Kepler 452b는 지구 지름보다 약 60% 정도 더 크고 공전 주기는 약 385일이다. 이 외에도 지구와 유사한 환경을 가진 것으로 추측되는 행성은 현재 1,000여 개가 발견되었다.

된다고 가정해 보자. 그렇다면 우리 은하에는 교신 가능한 문명이 20개 정도 있다고 볼 수 있다. 물론 너무나 많은 가정을 남용하였기에 이 수치가 옳다고 확신할 수는 없지만 적어도 식 자체는 당연해 보인다. 게다

• 드레이크 방정식은 다음과 같이 표현된다.

$$N = R \times f_p \times n_e \times f_l \times f_i \times f_e \times L$$

N은 교신 가능한 문명의 수, R은 평균 별 탄생률, f_p는 별이 행성을 가질 확률, n_e는 행성을 가진 별 주위에 생명이 태어날 수 있는 행성의 수, f_l, f_i, f_e는 생명이 자라서 우주로 신호를 보낼 수 있는 문명을 이룩할 확률, L은 그런 문명이 지속될 수 있는 기간이다.

가 우주에는 우리 은하계 같은 은하가 1,700억 개나 있다.

굳이 먼 우주까지 갈 필요도 없다. 우리 태양계에 인간 외 지적 생명체가 없는 것은 거의 확실해 보이지만 미생물은 충분히 존재할 수 있다. 생물체는 아주 크게 박테리아bacteria, 고세균archaea, 진핵생물eukarya로 나뉘는데 이 중 고세균은 아주 극한 환경에서도 살아갈 수 있다. 겉보기에 박테리아와 비슷한 고세균은 물이 펄펄 끓는 간헐천, 해저 열수구나 염분이나 산, 염기가 강한 곳에서도 살아간다.

이런 곳에 비하면 화성의 토양이나 엔셀레두스, 타이탄, 유로파의 환경은 아주 양호해 보인다. 극한 환경에서 살아가는 미생물이 있다는 이야기는 태양계 내의 특정 환경에서도 이런 미생물이 살 수 있다는 추론을 가능케 한다.

우리 말고도 다른 생명이 존재할 수 있다는 가능성은 판타지 문학의 주요 소재로 사용된다. 외계인을 주제로 한 공상과학소설이나 영화는 너무 많아서 셀 수 없을 정도이다. 『코스모스』의 저자로 잘 알려진 칼 세이건이 쓴 공상과학소설 『콘택트Contact』에는 다음과 같은 구절이 나온다.

우주는 아주 커다랗다. 만약 우주에 우리만 있다면 그것은 터무니없는 공간의 낭비이다.

하늘에서 빛나는 것들 중에 우리 같은 생명체가 사는 삶의 터전이 있을까? 그들 또한 우리처럼 외계 생명체가 존재하는지 고민하고 의

심할까? 어쩌면 그들의 기술이 매우 뛰어나서 오래전부터 우리를 관찰하고 있는지도 모른다. 하늘이 넓고 무궁무진한 만큼 그곳에서 우리가 상상할 수 있는 것도 무수히 많다.

과학으로
들여다보는
죽음과
영혼의 세계

김소월의 「초혼」

죽음은
때로는 태산보다 무겁고
때로는 새털보다 가볍다.

_사마천

죽음에 대하여

「초혼」은 "나 보기가 역겨워 가실 때에는 말없이 고이 보내 드리오리다."처럼 주로 여성적이고 연약한 어투의 시를 쓰던 김소월의 작품 중몇 안 되는 격정적이고 직접적인 시이다.

산산이 부서진 이름이여!
허공중에 헤어진 이름이여!
불러도 주인 없는 이름이여!
부르다가 내가 죽을 이름이여!

심중에 남아 있는 말 한 마디는
끝끝내 마저 하지 못하였구나.
사랑하던 그 사람이여!

사랑하던 그 사람이여!

붉은 해는 서산마루에 걸리었다.
사슴의 무리도 슬피 운다.
떨어져 나가 앉은 산 위에서
나는 그대의 이름을 부르노라.

설움에 겹도록 부르노라
설움에 겹도록 부르노라
부르는 소리는 빗겨 가지만
하늘과 땅 사이가 너무 넓구나

선 채로 이 자리에 돌이 되어도
부르다가 내가 죽을 이름이여!
사랑하던 그 사람이여
사랑하던 그 사람이여

　　초혼招魂은 혼을 부르는 행위이다. 옛날에는 사람이 죽은 직후에는 혼이 떠나지 않는다고 믿었다. 그 혼을 다시 몸에 불러들여 죽은 사람이 살아나기를 바라는 주술이 초혼이다. 그렇지만 초혼을 한다고 해도 기적이 일어나지 않는 한 생명이 돌아오지 않는다는 것을 우리는 잘 알고 있다. "하늘과 땅 사이의 거리"만큼이나 삶의 세계와 죽음의 세계가 멀리 떨어져 있기 때문이다. 화자가 슬퍼하는 근본적 원인이 여기에 있다.

그렇다면 한 가지 질문을 던질 수 있다. 왜 삶과 죽음은 그렇게 나 "부르는 소리가 빗겨 갈 정도로" 멀리 떨어져 있을까? 답은 간단하다. 한번 죽으면 다시 살아나지 못하기 때문이다. 다시 살아나지 못하기 때문에 부활을 보고 기적이라 한다. 그렇지만 죽음의 세계에서 다시 삶의 세계로 돌아오는 경우도 빈번하다. 실제로 나도 그런 기적을 목격했다.

중학교 2학년 겨울 방학이었다. 반포고등학교에서 열린 화학 캠프에 참가했었는데, 금붕어를 액체 질소에 넣었다가 꺼내는 실험이 있었다. 액체 질소는 영하 196도이다. 시베리아는 영하 40도까지 내려가기도 하고 남극에서 관측된 최저 기온은 영하 70도인 걸 감안하면 액체 질소의 한기는 인간의 상상을 넘어선다. 액체 질소에 금붕어가 들어가는 순간 금붕어는 하얗게 얼어 버리고 딱딱해졌다. 누가 봐도 그것은 생명이 사라진 차가운 유기물이었다. 심장도 멈추고, 피도 멈추고, 호흡도 멈췄다. 우리가 알고 있는 죽음의 정의와 딱 들어맞는다. 금붕어는 그저 금붕어 모양으로 조각된 하얀 얼음 장난감 같았다.

그렇지만 금붕어를 따뜻한 물에 넣자 붉은빛이 돌아오면서 꿈틀대고 이전처럼 헤엄치기 시작했다. 죽었던 금붕어가 다시 살아난 것이다. 몇몇은 다시 돌아오지 못했지만 한번 죽은 줄로 알았던 무엇인가가 원래대로 돌아온다는 것은 불멸과 환생의 환상을 자극하기에 충분했다.

인간을 비롯한 생명체가 생명을 유지하는 과정은 화학적이고 물리적인 반응에 기반한다. 먹고 숨 쉬고 생각하는 모든 행위가 화학과 물리의 언어로 표현되기 때문이다. 액체 질소에 들어간 금붕어의 모든 세포와 피가 얼어 버려서 이러한 반응이 모두 멈추면 금붕어의 시간은 멈춘 것이나 마찬가지이다.* 아무런 화학 반응과 물리 운동이 없기 때문에 생명 활동이 멎더라도 세포는 부패하지 않고 보존된다. 따라서 녹으면 원래의 상태대로 움직이는 것이다.

그렇다면 살아 있는 사람을 액체 질소에 넣었다가 녹이면 어떻게 될까? 이런 실험은 절대 해서는 안 된다. 그 사람은 다시 살지 못하기 때문이다. 금붕어는 크기가 작기 때문에 몸 깊숙한 곳까지 순식간에 언다. 그렇지만 사람은 그렇지 못하다. 몸 깊숙한 곳은 얼음 결정이 생기기까지 시간이 오래 걸린다. 얼음이 어는 데 시간이 오래 걸리면 얼음 결정이 생겨나고, 얼핏 보기에 보석 같은 결정들은 칼날처럼 세포를 파괴한다. 만약 모든 세포가 재빨리 얼 수 있다면 이론적으로 사람 또한 금붕어처럼 다시 살아날 수 있다.

이러한 원리를 이용하여 생명을 연장하려는 사람들이 있다. '알코어 생명 연장 재단Alcor Life Extension Foundation'에 100억 원 가량의 돈을 지불하면 죽은 후 알코어 본부로 이송된다. 알코어의 직원들은 죽은 고객의 심장과 폐 기능을 인위적으로 유지시키고 온몸의 체액을 빼낸 뒤

---

* 때문에 사랑하는 연인들이 말하는 "이대로 시간이 멈췄으면 좋겠어."는 잘못된 말이다. 시간이 멈추면 신경 세포를 비롯한 모든 움직임이 멈추기 때문에 우리의 감각과 인식 역시 멈춰 버린다. 때문에 우리는 시간이 멈춘 것조차 지각할 수 없다.

알코어 생명 연장 재단에서 활용하고 있는 신체 컨테이너, 일명 빅풋(Big foot)으로 불린다. 이곳에 액체 질소로 냉동된 신체를 보관한다.
ⓒAlcor Life Extension Foundation

부동액으로 치환한다. 이후 그 몸을 액체 질소에 담가 냉동 인간으로 변환시킨 후 언젠가 과학 기술이 발달하여 이들이 다시 깨어날 순간을 하릴없이 기다린다. 이 재단에는 현재 900명가량의 회원이 있으며 냉동 인간이 된 사람도 100명이 넘는다. 거액의 돈을 지불한 이들이지만 앞으로 깨어날 수 있을지는 의문이다.

심장이 멎었다가 심폐소생술CPR에 의해 다시 심장이 뛰는 경우도 자주 있으며, 아주 드물기는 하지만 심폐소생술에 실패하고 나서도 생명이 돌아오는 경우가 있다. 심폐소생술 실패 이후 생명이 돌아오는 현상을 라자러스 증후군Lazarus Syndrome이라 부른다. 라자러스는 신약에 나오는 인물로 한번 죽었다가 예수에 의해 다시 살아난 기적을 경험하였다. 어떤 이들은 심장과 뇌에 손상을 받기도 하지만 별다른 후유증 없이 '부활'하는 경우도 종종 있다.

라자러스 현상의 정확한 원인은 밝혀지지 않았다. CPR이 중지되고 압력이 낮아지자 심장이 팽창하여 심장의 전기 신호가 자극되는 것이 원인의 일부일 수 있다. 라자러스 증후군은 죽음과 삶의 경계에 대한 정의, 장기 적출과 검시의 시기, 의사의 사망 판정에 대한 윤리적 의문을 제기한다. 실제로 미국에서는 동시다발적 쇼크를 겪어 사망 판정을 받은 61세 여성이 살아 있는 채로 관 속에 들어가는 일이 일어났다. 그녀는 그로 인해 발생한 신경학적, 신체적 문제에 대해 병원에 책임을 묻는 소송을 제기하였다.

영혼은 존재하는가?

발달한 의학 기술에 의해 최근 들어 심정지가 일어난 후 다시 살아나는 경우가 많아졌다. 이 때문에 죽음에 가까워지거나 사망 상태에서의 경험을 일컫는 임사 체험Near Death Experience에 대한 보고 역시 급증하였다. 임사 체험에는 여러 유형이 있는데 몸이 붕 떠올라서 자신의 모습을 3인칭으로 바라보거나, 긴 터널을 지난다거나 아니면 신과 같은 존재를 만나기도 한다. 이전까지 임사 체험은 미신이나 착각 정도로 취급됐지만 최근 들어 이 현상에 대한 새로운 시각이 나오고 있다.

영혼의 존재를 전혀 믿지 않던 미국의 신경외과 의사 이븐 알렉산더Eben Alexander는 박테리아에 의한 뇌막염이라는 희귀하고도 무서운 감염 때문에 7일 동안 혼수상태에 빠졌다. 알렉산더의 신피질 기능은 아예 정지해 버린 상태였다. 그동안 그는 아주 편안한 공간에서, 나중에 '옴Om'이라고 이름 붙인 신적인 존재와 교감을 하고 구름 속에서 따뜻한 바람을 맞기도 했다. 기적적으로 의식을 회복한 후 알렉산더는 뇌와 독립적인 의식이 존재한다고 확신하게 되었다.

저명한 의학 저널 『더 란셋The Lancet』에 실린 논문에 따르면 심장마비에서 회복된 344명 중 18%에 해당하는 62명이 임사 체험을 경험했다. 실제로 임사 체험 사례는 수없이 많고 몇 가지 형식으로 분류가 가능하기도 하다. 재미있게도 문화권에 따라 임사 체험에 대한 보고 역시 달라진다. 서구 세계에서는 신을 만났다는 보고가 많은 반면 동양 문화권에서는, 특히 우리나라에서는 조상을 만나는 경우가 자주 있다. 임사 체험을 완전하게 뇌과학적으로 설명하기도 하지만 일부에서는 임사 체험을 근거로 뇌 외에도 인간의 행동에 관여하는 영혼이 있다고 주장한다.

사람에게 영혼이 존재하는지는 과학적으로 밝혀지지 않았지만 꽤 많은 사람들은 영혼의 존재를 추상적으로 믿으며 죽음이란 영혼이 신체로부터 분리되는 행위라고 생각한다. 종교를 믿는 사람이라면 죽음 후 영생이 있다고 생각할 테고 과학을 신봉하는 무신론자는 생명 활동이 중지되는 순간 의식 자체가 소멸한다고 믿을 것이다. 살아 있는 사람은 죽은 사람이 아니고 따라서 죽음 이후에 어떤 일이 일어날지 알지 못한다. 소크라테스도 이 점을 인지하고 있었다. 그는 사형 선고 직후에 했던 연설에서 어느 경우이건 죽음은 좋은 것이라고 말한다.

우리는 죽음이 축복이라고 여길 만한 커다란 희망을 가질 수도 있습니다. 왜냐하면 죽음은 다음 중 하나이기 때문입니다. 죽음을 통해 모든 것이 사라지고 어떠한 감각도 느낄 수 없게 되거나, 다른 사람들이 말하는 것처럼 어떠한 변화를 통해 한곳에서 다른 곳으로 영혼이 여행하는 일일 것입니다. 마치 꿈이 없는 잠처럼 모든 감각이 없어진다면 죽음은 대단한 쟁취입니다. (중략) 만일 들리는 말처럼 죽음을 통해 여기로부터 떠나 망자들이 사는 곳으로 떠난다면 이보다 더 큰 축복이 어디 있겠습니까?

영혼은 있거나 또는 없다. 소크라테스는 두 가지 경우를 가정한 뒤 두 경우 모두 좋은 결과가 있을 것이라고 말한다. 신경 활동의 전반을 영혼이라고 정의한다면 대다수의 과학자들이 이견을 달지 않을 것이다. 그렇지만 인간 신체와 독립적으로 존재하는 영혼이 있다는 것은 적어도 과학의 영역에서는 쉽게 받아들여지지 않는 개념이다. 만일 임사 체험을 한 사람이 천장 근처에 숨겨진 그림을 보는 것처럼 영혼의 존재 없이는 도저히 설명할 수 없는 그런 일이 일어난다면 그것은 외계 생명체의 발견만큼이나 생명과학계에 큰 충격을 가져다줄 것이다. 만약 신체와 분리될 수 있는 영혼이 존재한다면 지금까지 세상을 떠난 자들의 수많은 영혼은 다 어디로 갔을까? 과학은 사후 세계에 대해 말할 수 있을까?

한편 소크라테스의 마지막 연설은 죽음에 대한 로망을 표현한 것처럼 보일 수도 있겠다. 그렇지만 소크라테스는 자신의 사형이 확정된 상황에서 동료들을 안심시키기 위해 죽음을 미화한 것이지, 결코 죽음을 갈망했다고 볼 수 없다. 그는 법정에서 자신의 무죄를 증명하기 위해 온갖 노력을 하였다. 당시 소크라테스가 사형을 당할 때 먹었던 독미나리는 완전한 죽음에 이르기까지 꽤나 고통스러운 과정을 동반했을 것이다.

생을 스스로 마감하는 행위

어떤 생명체든 죽음을 피하고 삶을 유지하려는 본능이 있다. 그렇지만 많은 사람이 스스로 죽음을 택하는 아이러니를 범한다. 우리는 이것을 자살이라고 부른다. 우리나라에서 자살하는 사람의 수는 10만 명당 28.5명으로 OECD 국가 중 최고 수준이다.

　자유지상주의libertarianism에 따르면 우리는 우리의 신체를 마음대로 처분할 권리가 있다. 신체의 자유에 제약이 가해지는 경우는 다른 사람의 권리를 침해할 때이다. 이 논리에 따르면 자해나 자살, 마약 복용은 남에 대한 직접적 피해 없이 자신의 신체에 훼손을 가하는 것이므로 개인의 자유에 따라 얼마든지 허용되어야 한다.

　동성애와 상호 합의에 따른 장기 매매 또한 마찬가지다. 그렇지만 신체가 과연 온전히 자신의 것인지에 대해서 의문을 제기할 수 있다. 인간에게 불가침의 존엄성이 있다면 스스로에게 해를 가하는 행위 또한 옳지 못한 행위이다. 개인의 자유와 존중 사이에서 자살과 조력 자살assisted suicide, 자살을 도와주는 행위은 많은 도덕적 논란을 낳고 있다. 인간에게는 과연 스스로를 파괴할 권리가 있을까?

　자살은 보통 앞으로 일어날 심적, 신체적 고통이 아주 크다고 생각될 때 그런 고통을 피하기 위해 스스로의 목숨을 끊는 행위이다. 자살을 할 만큼의 용기가 있다면 그 용기로 어려움을 헤쳐 나갈 수 있기에 자살을 하는 것은 명백히 옳지 못한 행위이다. 또한 미래는 그 누구도 알 수 없으므로 죽음을 갈망할 만큼 힘든 상황을 겪더라도 나중에는 그때 자살하지 않기를 잘했다는 생각이 드는 날이 올 것이다. 윌리엄 블랙스톤William Blackstone에 따르면 자살은 자기 살해이자 진정한 비겁함의 표출이다.

철학적 관점으로 접근하더라도 절대 자살을 해서는 안 된다. 앞으로 일어날 고통을 피하고 싶다는 이야기는 스스로에 대한 애착이 있다는 뜻이다. 스스로에 대한 애착이 있는 사람이 스스로를 파괴하는 행위는 논리적으로 모순이다. 게다가 그런 이유 때문에 자살을 하는 사람은 자기 자신을 목적이 아닌 쾌락 극대화를 위한 하나의 수단으로 생각하는 사람이다. 임마누엘 칸트에 따르면 인간성을 목적이 아닌 수단으로 여기고 하는 행동은 도덕적으로 옳지 못하다. 따라서 논리적으로나 윤리적으로나 자살은 절대 일어나서는 안 된다. 게다가 자살을 하는 것은 아주 고통스럽다. 심지어 자살에 실패할 경우 그 고통을 오래도록 견뎌야 한다.

안락사euthanasia와 존엄사death with dignity는 일반적 의미의 자살과는 차이가 있다. 안락사는 고통을 느끼지 않게 인위적으로 삶을 마감하는 행위이다. 존엄사는 무의미한 연명 치료를 하지 않는 것이다. 안락사는 약물을 주입하는 등의 적극적 안락사와 치료를 더 이상하지 않는 소극적 안락사로 나뉠 수 있는데 소극적 안락사를 존엄사라고 할 수도 있다.

의학이 발달한 현대 사회에서는 마약성 물질을 이용해 사람을 고통 없이 죽일 수 있다. 이 방법은 미국의 여러 주에서 사형을 집행할 때 사용된다. 이들 주에서는 사형을 집행할 때 의식을 잃게 만드는 약물을 주입한 후 심장 박동이나 호흡을 정지시키는 약물(주로 염화칼륨)을 주입하므로 사형수는 고통 없이 생을 마감한다. 안락사를 통해 사형을 집행하는 셈이다. 안락사와 존엄사를 무조건 나쁘다고 할 수만은 없다. 극심한 고통을 수반하고 어떠한 방법으로도 치료가 불가능한 병에 걸린 사람에게는 윤리적 딜레마가 발생할 수 있다. 고통에 신음하는 말기암 환자는 때로 존엄사나 안락사를 원하기도 한다.

실제로 그 소망을 실현시켜 준 의사도 있다. 죽음의 의사로 알려진 잭 케보키언Jack Kevorkian은 간단한 약물 주입 자살 기계인 타나트론Thanatron을 만들어 실제로 130명의 안락사를 도왔다. 죽을 권리를 굳세게 옹호하던 잭 케보키언은 미시간 주에서 살인죄로 기소되었으나 당시 미시간 주에는 조력 자살에 대한 규정이 없었기에 그는 아무런 처벌도 받지 않았다. 이후 케보키언을 겨냥한 금지법이 만들어졌지만 그는 자신의 신념을 굽히지 않은 채 다른 이들의 자살을 도왔고 결국 8년 동안 수감 생활을 하였다. 이후에도 안락사를 옹호하는 운동을 벌이다가 2011년에 사망하였다.

현대 사회에서 연명 치료 환자의 수는 증가하고 있으며 이에 대한 사회적 비용 또한 기하급수적으로 늘고 있다. 적극적인 의미의 안락사는 차치하더라도 연명 치료를 중단하는 존엄사에 대한 사회적 필요 압력은 점점 증가하며 실제로 법 논리 또한 이런 요구와 상응하여 변화의 조짐을 보이고 있다. 미국 연방 대법원에서는 판단 능력이 있는 사람은

미국연방대법원의 모습. 최근 들어 여러 나라의 법원에서 내린 존엄사 판결이 주목을 받고 있다.

원치 않는 의학 장치를 거부할 자유가 보장된다는 판결을 내렸다.

　　우리나라에서도 김 할머니 사건[*]에 대한 대법원 판결에서 "예외적인 상황에서 죽음을 맞이하려는 환자의 의사 결정을 존중하여 환자의 인간으로서의 존엄과 가치 및 행복추구권을 보호하는 것이 사회 상규에 부합되고 헌법 정신에도 어긋나지 아니한다고 할 것."이라고 하였다.

---

* 김 모 할머니는 2008년 폐종양 조직 검사 중에 과다출혈과 저산소증으로 인해 식물인간이 되었다. 가족들은 무의미한 연명 치료를 중단하기 원했으나 병원에서 거부하자 소송을 제기하였다. 대법원은 인간의 존엄성과 행복추구권을 들어 가족의 주장을 인정하였다. 2009년 6월 23일, 김 할머니의 인공호흡기가 제거되었으나 자발적 호흡을 계속하여 201일 뒤인 2010년 1월 10일에 숨을 거두었다.

조조 모예스Jojo Moyes의 『미 비포 유Me Before You』에서는 안락사를 갈망하는 월 트레이너Will Traynor가 등장한다. 평소 킬리만자로 산을 오르고 요세미티의 절벽을 오르는 등 열정적인 삶을 살던 월은 교통사고로 인해 사지 마비 환자가 되었다. 치료를 시도하던 월은 상태가 호전될 수 없다는 것을 알고 자살을 하고 싶다고 말한다. 가족들은 그를 말리지만 그가 손톱으로 자해를 시도하자 결국 그의 뜻을 존중한다. 대신 6개월 동안만 같이 지내자는 제안을 하고 월도 여기에 동의한다. 월은 6개월 동안 자신을 돌보는 루이자Louisa라는 여성과 사랑에 빠지기도 하지만 결국 안락사를 선택한다.

소설에 등장하는 스위스의 디그니타스Dignitas 병원은 실제로 존재하며 지금까지 1,000명 이상의 안락사를 도왔다. 스위스에서는 심각한 질병을 가진 환자가 정상적인 판단을 내릴 수 있는 상태에서 요청할 경우 안락사가 가능하다. 불치병에 걸린 사람뿐만 아니라 극도의 정신병이나 급속히 퍼지는 암, 치매에 걸린 사람도 그곳에서 생을 마감했다. 엄격한 심사를 통해 선정된 환자에게는 펜토바르비탈pentoparbital이란 약물이 제공되어 의식이 없는 상태에서 고통 없이 세상을 떠날 수 있

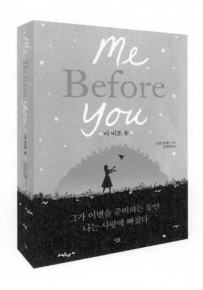

『미 비포 유』의 표지. 할리우드에서 영화로도 제작되었다.

다. 디그니타스 병원에서는 외국인의 안락사도 허용하기 때문에 스위스로 '자살 여행'을 오는 사람도 많이 있다.

　　　　이런 자살 조력에 대한 찬반 논란은 스위스 내에서도 격렬하다. 한편에서는 사람에게 죽을 권리가 있다고 믿는 반면 다른 쪽에서는 자신의 나라가 생명 경시 풍조를 만든다고 생각한다.

죽음의 숙명

펜타곤(미 국방부)에 일하는 직원 수를 알아내기 위해 펜타곤의 창문 수에 한 방에 있는 직원 수를 곱한다거나, 집회에 참여한 사람 수를 추정하기 위해 단위 면적당 사람 수를 구한 후 전체 면적을 곱하는 등 정확하게 알 수 없는 수치를 추정할 때는 이렇게 대충 생각하는 방법이 도움이 될 때가 많다. 이런 식의 방법을 사용하면 지금까지 얼마나 많은 사람이 죽음을 경험했는지 대충 알 수 있다. 이를 위해서는 인구 통계학 그래프demographic graph와 역사적 수명 기대치historical life expectancy를 보면 된다. 이 자료에 기반해 살펴보면 지금까지 지구상에서 태어나 죽음을 맞이한 사람은 얼추 1,000억 명이다.

　　　　거친 계산이어서 실제 값과 차이가 있을 수 있겠지만 확실하게 말할 수 있는 것은 지금까지 죽은 사람의 수가 현재 살아 있는 사람보다 훨씬 더 많다는 사실이다. 세계보건기구WHO에 따르면 현대 사회에서 하루에 사망하는 사람의 수만 해도 15만 명이다.

사람이라면 모두 죽는다. 사람뿐만 아니라 모든 생명이 마찬가지이다. 물론 귀납법적인 추측이기는 하다. 지금까지 우리가 본 수많은 사람들이 나이가 들면 죽었기 때문에 지금 살고 있는 사람들도 때가 되면 언젠가 죽을 것이라고 강하게 추측한다. 그렇지만 수학적 귀납법과 다르게 현실 세계의 귀납법은 특별한 논리적 근거를 갖지는 못한다.

예컨대 태양이 지난 45억 년간 안정적으로 지구에게 에너지를 공급했다는 사실은 앞으로도 그럴 거라는 증명을 하지는 못한다. 마찬가지로 어떤 사람은 앞으로 죽지 않을지도 모른다. 그렇게 되면 "모든 사람은 죽는다."라는 말에 대한 반례가 생기는 것이다. 우리가 "모든 사람은 죽는다."라는 명제를 귀납법적으로 알아보려면 모든 사람이 죽는지 전수 조사를 해야 한다. 모든 사람이 죽었다는 것을 확인할 수 있을 때는 모든 사람이 죽었을 때이다. 모든 사람이 죽었는데 그 사실을 확인할 사람이 어디 있겠는가? 외계인이나 똑똑한 침팬지, 혹은 컴퓨터만이 "모든 사람은 죽는다."라는 명제를 확인할 수 있을 것이다.

사람은 살아 있는 동안 절대 죽지 않는다[*]는 말이 있기도 하지만 자연 상태의 인간은 결국 죽는다. 귀납에 의한 추론이지만 아직까지 그런 추론을 위협할 만한 사례는 발견되지 않았다. 또한 인체의 생리적, 분자적 구조를 살펴보아도 영원히 살지 못한다는 결론을 내릴 수 있다.

---

* 사람은 살아 있거나 죽어 있거나 두 상태 중 하나이다. 두 상태로 동시에 있을 수는 없기에 어떤 사람은 죽는 순간 더 이상 살아 있지 않다. 따라서 사람은 살아 있는 동안은 죽음을 경험할 수 없다. 일종의 말장난이다.

누구에게나 찾아오는 죽음은 공포의 대상이다. 사람들은 죽음이 두려워 전쟁이 나면 피난을 가고, 조선의 신하들은 늘 말을 조심했으며, 총을 든 은행 강도 앞에서 두 손을 든다. 죽음이 찾아오면 모든 인지 기능이 정지되기 때문에(사후 세계가 있을지는 모르지만) 죽음 그 자체를 느낄 수는 없으나 일반적으로 죽음까지 가는 과정은 아주 고통스럽다. 그런 죽음이 어떤지 누군가에게 물어보고 싶지만 아무도 답을 할 수 없다. 죽은 자는 말이 없기 때문이다. 죽음은 사랑하는 사람과의 강제적 이별이며 앞으로 살아갈 인생을 누릴 수 없게 만든다. 그렇다면 사람은 왜 죽어야만 할까? 사람이 죽지 않을 수는 없을까?

내가 초등학교 3학년이었을 때의 일이다. 장래 희망을 발표하는 시간이 있었는데 어떤 친구가 자신은 사람이 죽지 않도록 하는 약을 만들겠다고 했다. 그러자 선생님께서는 "그렇게 되면 지구는 사람들로 꽉 차서 사람들 위에 사람이 서 있고 또 그 위에 사람이 서 있어야 할지 모른다."라고 지적했다. 그렇다. 맞는 말이다. 죽지 않고 번식만 한다면 사람은 점점 늘어만 간다. 멜서스의 법칙이 그의 예측보다 더 잔인하게 적용될지 모른다.

생명체의 삶은 다음과 같이 단순하다.

생명이 없는 물질 → 이들의 특수한 결합으로 탄생한 생명 → 죽음 그리고 생명 없는 물질로의 회귀

생명체가 죽지 않는다면 이들에게 필요한 물질의 순환이 이뤄지

지 않아 종의 번식이 이뤄지지 않을 것이다. 필수적인 물질을 구할 수 없어 신진대사에 이상이 오고 새로운 생명을 낳을 수도 없다. 죽음 없는 세상은 죽음보다 더 잔혹하다. 인간을 포함하여 거의 모든 생명체에게 죽음은 숙명이다. 삶이라는 소풍을 끝내고 하늘로 돌아간다는 천상병의 「귀천」에서처럼 그 숙명을 숙명답게 받아들이는 것은 누구에게나 힘든 과제이다.

삶의 최종 목적지는 죽음이다. 우리는 언제나 죽음을 향해 걸어간다. 우리뿐만 아니라 과거에 살던 사람들도 마찬가지였다. 이 글을 읽는 당신은 살아 있다. 살아 있기 때문에 숨을 쉬고, 이 글을 읽고, 생각을 하고, 감상을 느낀다. 숨을 깊게 들이마시면서 우리가 살아 있다는 사실에 대해 감사해 보자. 아무리 삶이 어렵고 차갑더라도 살지 못하는 것보다는 낫다. 살아 있다면 미래가 있고, 미래가 있다면 희망이 있고, 희망이 있는 우리는 즐거울 수 있다.

끝이 정해져 있기에 시간은 유한하다. 그 유한한 시간을 허투루 보내지 않는 것이 죽음 때문에 내일을 살지 못하는 사람들과 우리에게 삶을 선사해 준 이들에 대한 예의이다. 죽음을 끝에 둔 우리는 그 이유 때문에 삶에 대해 늘 감사해야 한다.

문학적으로
생각하고
과학적으로
상상하라

늙는다는
것에 대한
과학적 고찰

우탁의 「백발가」

나는 열다섯 살에 학문에 뜻을 두었고, 서른 살에 뜻이 확고하게 섰으며, 마흔 살에는 다른 일에 혹하지 않고, 쉰 살에는 하늘의 명을 깨달았다. 예순 살에는 귀가 순해져 들은 대로 이해했고, 일흔이 되자 하고 싶은 대로 해도 법도에 어긋나지 않았다.

_공자

유전자와 DNA

한 손에 막대 잡고 또 한 손에 가시 쥐고
늙는 길 가시로 막고 오는 백발 막대로 치려 하니
백발이 제 먼저 알고 지름길로 오더라

우탁의 이 시조를 처음 접했을 때의 신선함이 아직까지 생생하
다. 형상과 실체가 없는 늙음을 생명체에 비유한 것이 참신했다. 백발이
오다가 걸리면 막대로 된통 때려서 다시는 못 오게 할 생각이었는데 백
발이 이것을 알고 지름길로 와 버려서 화자의 속이 꽤나 상했나 보다.

대개의 사람들은 늙는 것, 즉 노인이 되는 것을 좋아하지 않는
다. 얼른 어른이 되고 싶다는 말은 자주 들리지만 얼른 노인이 되고 싶다
는 사람은 몇이나 될까? 누구나 시간이 갈수록 늙지만 왜 늙기를 싫어하
고 때로는 두려워할까? 대다수의 사람은 크게 외모와 건강 때문에 노화

를 무서워한다. 누구도 주름살과 검버섯을 가진 얼굴이 덜 매력적이라고 가르치지 않는다. 그렇지만 주름살과 검버섯을 가진 사람들조차 이런 시간의 흔적을 별로 좋아하지 않는다.

화장품 회사와 피부과, 성형외과가 매년 큰돈을 버는 이유도 여기에 있다. 누구나 젊어 보이고 싶기 때문이다. 우리의 본능 속에는 젊음에 대한 욕구와 함께 노화에 대한 두려움이 공존한다. 그렇다면 우리는 왜 늙으며, 왜 젊음을 좋아하고 늙음을 싫어할까? 늙음에 대해 논하기 전에 먼저 DNA와 유전자에 대해 짚고 넘어가도록 하자. DNA와 유전자를 정확히 알아야 노화를 이해할 수 있다.

세포 연구는 염색법과 현미경의 발전과 운명을 같이했다. 물리학자 로버트 후크Robert Hooke는 자신이 발명한 현미경으로 코르크 조각을 관찰하다가 세포의 존재를 처음으로 알아냈다. 당시 후크는 자신이 발견한 그 특이한 구조체에 'cell'이란 명칭을 붙였는데 cell에는 '작은 방', '칸' 같은 뜻이 있다. 이후에 동물 세포와 식물 세포의 차이점이 알려지고, 작은 생물이나 큰 생물이나 비슷한 크기의 세포를 갖는다는 사실이 밝혀졌다.

한편, 특수 물질을 사용해 세포를 염색하면 그냥 볼 때는 보이지 않는 구조가 보인다. 세포 안에는 여러 가지 소기관organelle이 있는데 각 소기관마다 염색되는 정도가 다르기 때문이다. 양파 세포를 현미경으로 그냥 보면 형태만 간신히 보일 정도로 투명하지만 염색을 하면 세포벽과 핵nucleus이 또렷하게 보인다.

우리가 잘 알고 있는 세포는 노른자이다. 일반적인 세포는 눈에 보이지 않을 만큼 작지만 타조, 닭, 독수리 같은 조류의 노른자는 예외이다. 이들은 모두 하나의 세포이다. 세포 안에는 여러 소기관이 있고 그중 눈에 잘 띄고 핵심적인 역할을 하는 기관이 바로 핵이다. 좀 더 세밀한 염색법을 사용해 보니 핵 안에는 여러 가지 '뭉텅이'들이 있었다. 이 뭉텅이들은 염색이 된 물체라는 뜻에서 염색체染色體, chromosome*라고 불렸다.

알고 보니 염색체는 DNA라는 아주 긴 분자가 꼬여서 생긴 덩어리였다. DNA는 뉴클레오타이드nucleotide라는 단위체가 결합되어 만들어진 긴 띠이다. 이 DNA가 우리 몸을 디자인하는 설계도이다. 컴퓨터 언어가 0과 1, 두 개의 숫자로 이뤄졌고 한글이 24개의 자음과 모음으로 되어 있듯이 우리 몸의 설계도도 4종류의 뉴클레오타이드로 적혀 있다.

A, G, C, T라고 불리는 네 가지의 뉴클레오타이드는 서로 붙어서 아주 긴 띠를 만드는데 세 글자의 뉴클레오타이드가 한 단어 역할을 한다. a, n, d라는 각각의 세 글자는 뜻이 없지만 and라는 단어는 뜻이 있다. 글자가 모여 단어를 만들듯이 뉴클레오타이드 3개가 모여 코돈codon이라 불리는 하나의 의미 있는 단어를 만든다. 이 단어는 곧 아미노산이라는 물질을 만드는 명령어이다.

세포 안에 있는 여러 장치들이 DNA에 달라붙어 그 정보를 해석하고 그에 따라 아미노산을 생산한다. 예컨대 뉴클레오타이드가 'GCC'

---

* 'Chromosome'은 색을 뜻하는 그리스어 'chroma'와 몸을 뜻하는 'soma'의 합성어이다.

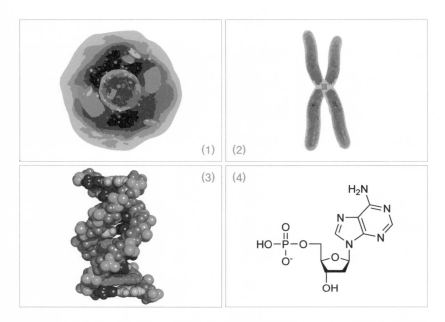

(1)세포에는 여러 소기관들이 있다. (2)그중 핵 안에는 염색체라 불리는 구조가 있는데 (3)염색체는 DNA라는 긴 이중나선이 뭉쳐 있는 덩어리이다. (4)DNA를 이루는 단위는 뉴클레오타이드라는 물질이다.

순서로 있으면 알라닌Alanine이라는 아미노산이 만들어지고, 'ACC'는 아스파라긴Asparagine을 만드는 명령어이다. 아미노산이 모여 있는 것이 단백질이고, 단백질은 생명체의 몸을 이룬다. 단어가 모여 문장을 만들듯이 아미노산의 배열이 단백질이라는 복잡한 문장을 만든다. 세포에서 이런 단백질을 만들어 내기 때문에 세포가 복제되고 효소가 만들어지며 개체가 성장할 수 있다.

유전자gene는 이런 단백질을 만드는 DNA 서열을 일컫는다. 유전자에는 아미노산의 배열에 관한 정보가 담겨 있고 세포는 그 설계도대로 단백질을 만든다. 그 단백질은 우리의 모습과 행동을 결정하는 중요한 물질이다. 인간에게는 2만 5,000개 정도의 유전자가 있으며 이들에 의해 당신의 모습이 대략적으로 결정된다.

눈동자 색, 머리색, 피부색 같은 전체적인 외형에서부터 색맹, 혈우병, 알비노, 다지증 같은 유전 질환에도 유전자가 관여한다. 당신에 대한 정보가 유전자라는 DNA 서열로 저장되어 있는 셈이다. 유전자가 하나의 문장이라면 각각의 인간은 2만 5,000개의 문장으로 이뤄진 대서 사시라고 할 수 있다. 문학에 비유한다면 다음과 같이 볼 수도 있다.

글자 – 단어 – 문장 – 문학 작품
뉴클레오타이드 – 코돈 – 유전자 – 생명체

DNA는 이중나선으로 되어 있다. 2개의 띠가 붙어서 나선을 이룬다는 뜻이다. A, G, C, T로 이뤄진 하나의 띠에 역시나 A, G, C, T로 만들어진 또 다른 띠가 서로 붙어 있다. 분자 구조의 특성상 붙어 있는 두 띠는 나선 형태를 이룬다. 때문에 이중나선double helix이란 이름이 붙었다.

그렇지만 두 띠가 아무렇게나 붙는 것은 아니다. A는 T와 붙고, C는 G와 붙는다. 그러니까 한쪽 띠의 뉴클레오타이드가 'A, G, G, T, C' 순서이면 다른 한쪽은 'T, C, C, A, G'이다. 이해를 돕기 위해 음악에 비유해 보자. 어떤 작곡가가 노래를 만들 때 도와 파를 결합시키고, 레와 미를 결합시켰다고 해 보자. 예컨대 높은 멜로디가 '도-미-레-파'이면

낮은 멜로디가 '파-레-미-도'인 식이다. 따라서 이 곡을 피아노로 칠 때 오른손이 높은 레를 누르면 왼손은 낮은 미를 눌러야 한다.

이런 방식으로 작곡된 악보가 있다면 높은 음이나 낮은 음 파트 하나만 보고도 전체를 유추할 수 있다. 낮은 파트가 '레-미-도-파'라면 높은 음은 '미-레-파-도'일 것이다. 따라서 어느 날 악보에 커피가 쏟아 져서 반주 부분(아래쪽)의 음이 몇 개 안 보인다 하더라도 걱정할 필요가 없다. 멜로디 파트(위쪽)를 보고 유추해 내면 되기 때문이다.

DNA는 이런 구조로 되어 있다. 악보처럼 2중 띠로 되어 있으며 서로 결합하는 쌍이 정해져 있다. A와 T가 결합하고 C와 G가 결합하기 때문에 한쪽 띠만 가지고도 전체 이중나선을 알아낼 수 있다. DNA 복제 가 이런 식으로 일어난다. 이중나선을 풀은 뒤에 한쪽 서열을 보고 전체 를 만들어 내는 것이다. DNA가 복제될 때면 이중나선이 풀어져 2개의 단일나선이 되고 각각의 단일나선에 여러 가지 생체 기계들이 붙어 서열을 읽은 후 대응되는 물질을 붙인다. 이를 통해 하나의 이중나선에서 2개의 이중나선이 탄생한다.

이처럼 결합하는 쌍이 정해져 있으면 복제할 때도 편리할 뿐만 아니라 DNA가 파괴되었을 때 복구하기도 쉽다. 자외선이나 유독 물질에 의해 이중나선의 한쪽이 망가졌을 때 다른 쪽 서열을 보고 복구할 수 있다. 앞서 설명한 악보에 커피가 묻어도 복원할 수 있는 것과 같은 원리이다. 이렇게 DNA가 정해진 쌍을 이루는 방식을 상보성相補性이라고 부른다.

노화가 발생하는 이유

사실 과학은 노화의 이유에 대해 완전하게 설명하지 못한다. 다만 몇 가지 단서가 될 만한 현상을 포착하였는데 그중 하나가 텔로미어telomere이다. 글씨를 왼쪽에서 오른쪽으로만 쓰는 것처럼 인간의 DNA는 한쪽 방향으로밖에 복제될 수 없다. 문제는 복제가 한쪽 끝부터 다른 쪽 끝까지 일어나지 않는다는 사실이다.

DNA 이중나선이 풀어지고 단일나선이 복제를 위한 원본 틀이 되면 DNA 중합체polymerase를 비롯한 여러 생체 기계들이 달라붙어 원본을 가지고 반대편 띠를 만들어 나간다. 복제가 시작되기 위해서는 프라이머primer라는 조그마한 RNA 조각이 DNA에 붙어야 하는데 이 프라이머가 한쪽 끝에서 살짝 떨어진 부분에 붙는다. 중합체들은 그 프라이머에서부터 복제를 시작하기 때문에 새로 복제된 DNA 가닥은 원본 가닥보다 짧다.

필사를 할 때마다 글의 앞부분에 있는 몇 글자를 빠뜨린다고 해보자. 한용운이 지은 「님의 침묵」의 앞부분을 빠뜨린 채 필사하고 그 필사본을 다른 필사가가 베낄 때에도 또 앞쪽을 빠뜨리는 과정이 반복된다면 나중에는 시의 앞부분이 아예 사라질 것이다. DNA 복제 역시 마찬가지이다. 복제할 때마다 한쪽 끝부분 정보가 유실되다 보면 우리 몸에 심각한 문제가 생길 수 있다. 따라서 DNA 가닥의 끝부분에는 내용물을 보호하는 스티로폼처럼 의미 없는 DNA 서열이 있다. 의미가 없기 때문에 누락되어도 크게 문제되지 않는다. 이 부분을 텔로미어라 부른다. 복제가 일어날 때마다 텔로미어는 짧아지지만, 대신 생명에 필요한 정보가 훼손되는 것을 막는다.

필사의 예로 돌아와 보자. 필사가가 글을 베낄 때마다 앞의 단어를 빼먹는다는 것을 안다면 시인은 시의 앞부분에 '아아 아아 아아 아아 아아 아아'처럼 의미 없는 부분을 추가할 것이다. 필사가가 앞의 글자를 빼먹더라도 그것은 의미 없는 '아'라는 글자이기 때문에 시를 읽는 데에는 지장이 없다. 다만 앞부분의 완충재가 닳을 뿐이다.

하나의 세포가 2개로 나눠지기 위해서는 세포 내의 모든 것이 2배만큼 늘어나야 한다. DNA 역시 세포가 분열할 때 복제된다. 나이가 들수록 세포의 누적된 복제 횟수는 많아지고 그만큼 텔로미어 길이는 짧아진다. 유전 조작이나 병에 의해 텔로미어가 비정상적으로 짧은 생명체

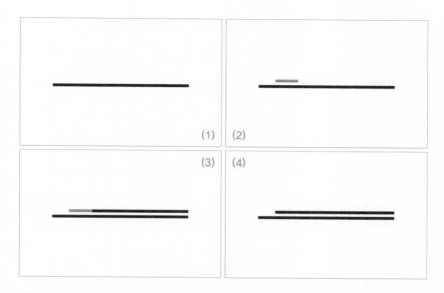

(1)풀어진 단일 DNA 가닥은 복제를 위한 원본으로 사용된다. (2)복제를 시작하기 위한 프라이머는 끝에서 약간 떨어진 곳에 붙는다. (3)중합체들은 프라이머가 있는 곳부터 복제를 한다. (4)결국 복제 후 한쪽 DNA 서열이 더 짧아진다. 이 짧아진 서열이 다시 복제에 활용되면 새로운 DNA 가닥은 더 짧아진다. 때문에 세포가 분열할수록 DNA 길이는 점점 줄어든다.

는 젊은 나이에도 급격한 노화의 증상을 나타낸다. 이런 질병을 조로증 progeria이라 부른다.

　　허친슨-길포드 증후군Hutchinson-Gilford syndrom과 베르너 증후군Werner syndrome은 유전자 이상으로 발생하는 심각한 조로증이다. 허친슨-길포드 증후군의 경우 태어나자마자 주름이 생기고 머리가 빠지며 10대에 사망한다. 베르너 증후군은 10대에 노화가 시작되며 보통 40대에 사망한다. 두 질병 모두 조로증을 일으키는 원인은 불분명하지만 그 유전 질환을 가진 사람들의 텔로미어 길이는 정상보다 훨씬 짧다. 이런 현상은 텔로미어 길이가 노화와 관련되었다는 생각이 들게끔 한다.

활성산소radical[*] 역시 노화의 주범으로 의심받고 있다. 우리 세 포에는 미토콘드리아라는 화학 공장이 있어서 포도당을 이용해 ATP Adenosine tri-phosphate라는 물질을 만들어 낸다. ATP는 아데노신Adenosine이 란 물질에 인산Phosphate이 3개Tri 붙어 있는 물질인데 마치 건전지처럼 인체 곳곳에서 에너지원으로 사용된다. 이들이 에너지를 내는 과정에서 활성산소가 발생하는데 이 활성산소는 반응성이 아주 커서 천방지축 뛰 노는 강아지처럼 다른 물질과 화학 반응을 일으키려고 한다.

활성산소와 반응한 물질은 손상을 입는다. 나이가 들수록 활성 산소에 의한 손상이 축적되면서 주름이 생기고, 뼈가 약해지며, 세포의 활기가 떨어진다. 활성산소에 의한 공격은 DNA 변이를 일으키기도 하 는데 그런 변이가 쌓이면 보통의 세포도 암세포로 변질된다. 때문에 동 물의 몸에는 활성산소를 없애 주는 효소가 있다.

'Superoxidase dismutaseSOD'라 불리는 이 효소는 활성산소에 대한 방패가 되어 준다. 실제로 수명이 긴 초파리는 SOD가 더 활동적이 다. 컴퓨터를 오래 사용하다 보면 불필요한 캐시cache가 생겨나고 파일 이 조각나면서 연산 속도가 느려진다. 이럴 때마다 디스크 정리나 조각 모음을 하면 성능이 나아지는 것처럼 SOD는 신체에서 불필요하게 생겨 난 부산물을 없애 준다.

---

* 'radical'이란 단어에는 '급진적이다, 과격하다'는 뜻이 있다.

사람들이 노화를 피하려는 이유

인간이 아무리 합리적이고 이성적이라 할지라도 문화와 행동 이면에는 무의식적 원인이 깔려 있다. 화장품 가게에서는 피부를 좋게 만드는 크림 외에도 무언가를 가리거나 덮는 물질이 높은 가격에 판매된다. 많은 여성이 주름을 가려 주는 BB크림이나 CC크림, 눈을 크게 보이게 하는 스모키 화장품을 사기 위해 돈을 지불한다. 여자에게 최고의 칭찬 중 하나는 "나이에 비해 어려 보인다."라는 말이며 그 반대말은 매우 무례한 말이다. 사람들은 왜 나이 들어 보인다는 말을 싫어할까? 왜 '만으로 20대'라는 말까지 만들면서 스스로에게 아직 젊다는 최면을 거는 걸까? 왜 자조 섞인 목소리로 "나, 이제 40대야."라고 하면서 "마음만은 청춘이야."라고 할까?

이러한 말들로 미뤄 볼 때 인간에게는 노화를 피하려는 내재적 의지가 있는 것 같다. 이 본성은 우리 조상에게도 있던 것처럼 보인다. 신라 시대의 사구체 향가 「헌화가」에 얽힌 설화에 등장하는 노인은 꽃을 바치면서 상대방이 자신을 부끄러워할 거라고 걱정한다.

자줏빛 바윗가에
잡고 온 손 암소 놓히시고
나를 아니 부끄러워한다면
꽃을 꺾어 바치겠습니다.

신라 성덕왕 시절 순정공에게는 수로 부인이라는 아름다운 아내가 있었다. 순정공이 강릉 태수로 부임하러 가던 중 수로 부인이 높은 바위에 핀 철쭉꽃을 보고 감탄했다. 그러자 소를 끌고 가던 노인이 철쭉을 꺾어 수로 부인에게 바치면서 이 노래를 불렀다고 한다.

"나를 아니 부끄러워한다면"에 주목하자. 소를 끌고 가던 노인은 왜 수로 부인이 자신을 부끄러워할 것이라고 생각했을까? 스스로에 대해 비관적 인식은 혹시 나이에서 비롯된 것이 아닐까?

현대 사회에서도 많은 중년, 노년층이 노화로 인한 우울증을 겪는다. 몸은 예전처럼 건강하지 못하고 책임감은 많아지며 직장 구하기도 청년 때와 같지 않기 때문이다. 스스로에 대한 외모 만족도 역시 나이가 들수록 감소하는 경향이 있는 것으로 나타났다. 허난설헌의 「규원가」에서는 이런 감정이 더 직접적으로 드러난다. 늙음에 대한 한을 나타내는 「규원가」는 다음과 같이 시작한다.

엊그제 젊었더니 어찌 벌써 다 늙었는가. 어렸을 적 즐거웠던 때를 생각하면 어떤 말을 해도 속절없다. 늙어서 서러운 말을 하자니 목이 멘다.

다음 연에서는 한층 더 강한 비관을 보여 준다.

이 얼굴 이 모습으로 백년가약 하였더니, 시간은 훌훌 지나가고 조물주가 시기가 많아 봄바람, 가을 물이 베틀의 올이 북을 지나

가듯 하니 설빈 화안 어디 두고 면목가증 되었구나. 내 얼굴을 내
가 보거니 어느 님이 나를 사랑할소냐. 스스로 참담하니 누구를
원망하리.

화자의 남편은 집에 있지 않은데, 화자는 남편이 바람을 피우고
있지 않을까 걱정한다.

삼삼오오 다니는 새 사람이 생겼단 말인가.

「규원가」의 전체적인 이야기는 다음과 같다. 화자는 15세~16세
쯤 중매를 통해 장안의 놀고 다니는 가벼운 사람(이 사람은 그때부터 바람기
가 있었던 듯하다.)을 만나 시집을 갔다. 시집을 갈 때에는 어렸기 때문에 타
고난 아름다움이 저절로 나타났지만 어느새 시간이 흘러 나이가 들었다.
남편은 화려한 복장을 하고 나가서 들어오지를 않는데 아마 기생을 만
나는 듯하다. 얼마나 오래 나가 있는지 그 소식조차 알 수 없으니 화자는
애가 탄다. 좋은 자연 경관에도 아무 감동이 없다. 다른 행에서 모진 목
숨 죽기도 어려울 것 같다고 말하는 것으로 보아 죽음까지 생각할 만큼
정신적으로 힘든 상황이다. 화자는 슬픔과 한을 자신의 늙음에 대한 한
탄으로 돌려 표현했다.

태어나서 죽을 때까지 건강하고 활기차게 살 수 있으면 좋으련
만 인간은 그럴 수 없는 운명이다. 왜 시간이 지날수록 주름이 생기고,
근력은 약해지며, 병에 쉽게 걸릴까? 분자생물학과 유전학, 진화생물학

은 여기에 어느 정도 답을 해 준다.

현대의 여러 생물학자들이 동의하는 바에 따르면 진화는 유전자 수준에서 일어난다. 유전자 수준이라는 말은, 진화가 유전자의 이득을 위해 일어난다는 것이다. 이 말은 고도의 비유이지, 유전자 자체에 의지가 있다는 뜻은 아니다. 확산하려는 성질이 강한 유전자는 보존되어 번성하는 반면 생존율을 떨어뜨리는 유전자는 세대를 지나면서 자연스레 사라지다 보니 마치 유전자에게 번성하려는 의지가 있는 것처럼 보일 뿐이다. 리처드 도킨스는 이런 점에서 자신의 책에 『이기적 유전자The Selfish Gene』라는 제목을 붙였다.

여러 가지 유전자 중 자신을 잘 퍼뜨리려는 성질을 가진 유전자들이 세대를 거치며 살아남았다. 이것이 진화의 기본 원리이다. 유전자의 개념을 설명한 이유는 노화와 관련한 다음의 사고 실험思考 實驗을 위해서이다.

매우 거친 가정이지만 어떤 유전자가 심각한 심장 질환을 일으켜서 사람을 죽이는 성질을 가졌다고 해 보자. 그 유전자를 가진 사람은 특정 나이가 되면 심장에 문제가 생겨 목숨을 잃는다. A, B, C라는 이름을 가진 이들 유전자는 심장 질환으로 사람을 죽게 하지만 그 발현 시기가 다르다. 유전자 A는 10세 때에 발현하고, B는 30세, C는 60세에 드러난다. 그러니까 유전자 A, B, C를 가진 사람은 각각 10세, 30세, 60세에 죽는 것이다. 이들 유전자는 잘 퍼질 수 있을까?

유전자는 후손을 통해 전해지고 퍼져 나간다. 칭기즈 칸처럼 자식을 많이 낳는다면 그 사람이 가진 유전자는 후손들을 통해 자신의 영역을 확장시킬 수 있다. 반면 자식을 낳지 않게 하는 유전자는 퍼질 수 없다. 따라서 번식 성공 확률은 그 유전자의 존망을 결정짓는 중요한 요소이다.

유전자 A를 가진 사람은 10세에 사망한다. 따라서 후손을 남길 수 없다. 유전자 A를 가진 사람이 처음에 100명이 있다면 몇 십 년 안에 이들은 모두 죽고 유전자 A 역시 사라져 버린다. B의 경우에는 조금 낫다. 30세 이전에 후손을 남길 수도 있기 때문이다. 그렇지만 현대 사회처럼 30세 이후에 결혼을 하는 비율이 높다면 유전자 B는 살아남기 어렵다. 반면 유전자 C는 번식에 별다른 피해를 주지 않는다. 60세 이후 번식을 하는 경우는 거의 없기 때문이다. 따라서 확산에 별다른 제약을 받지 않는다.

같은 효과를 내는 세 유전자지만 어느 나이대에서 영향을 미치는지에 따라 그 운명은 달라진다. 여러 세대가 지난 후 유전자 A는 사라지고, 유전자 B는 많지 않은 반면, 유전자 C는 굳건할 것이다. 만일 어떠한 육체적 문제가 나타나야만 한다면 최대한 늦게 나타나는 것이 번식의 측면에서 유리하다. 노화의 유전적 원리가 여기에 있다고 보는 시각도 있다. 우리 몸에서 나타나는 여러 문제를 젊었을 때에는 억제하고 있다가 나중에 드러나게 하는 방식이 진화의 과정에서 채택되었다는 이론이다. 나이가 들면 병이 들고 몸이 허약해지는 것은 어쩌면 자연적인 결과인지 모른다.

비슷한 이유에서 남성은 주로 가임기 상태의 여성(즉 15세~35세 사이의 여성)에게 매력을 느낀다. 그 시기의 여성에게 매력을 느끼고 그들과 결혼을 하는 것이 자신의 유전자를 퍼뜨리는 데 유리하기 때문이다. 따라서 가임기 상태는 배우자를 선택하고 선택받는, 유전자의 입장에서 매우 중요한 시기이다. 앞으로 가임 기간이 얼마나 남아 있는지도 중요한 변수인데 이 때문에 남자는 대체로 젊은 여성에게 매력을 느낀다.

많은 심리 연구 결과들이 이와 같은 생각을 뒷받침한다. 데이비드 버스David Buss의 연구에 의하면 37개 문화권의 남자들이 자신보다 평균적으로 2.5세 어린 여성을 선호했다. 다른 조사에 따르면 10대의 남자들은 자신보다 나이가 약간 많은 여자를 선호했는데 아마도 생식 능력이 절정에 이르는 20대 초반의 여성을 선호하기 때문에 그런 것으로 보인다.

독일인 2,500명을 대상으로 한 조사에서는 남자의 소득이 높을수록 더 어린 여자를 선호하는 것으로 드러났는데 소득이 1만 마르크 이상인 남자는 5~15세 어린 여자를, 1,000마르크 이하인 남자는 0~5세 어린 여자를 구한다는 광고를 내었다. 또한 남자가 약혼반지를 구입할 때 신부가 될 사람이 젊을수록 비싼 반지를 사는 것으로 드러났고, 배우자를 찾는 광고를 낸 여성은 나이가 많을수록 자신의 나이를 밝히지 않는 경향이 강했다.

한편 기능을 다하거나, 다친 세포 또는 혹은 발달을 위해 사라져야 하는 세포는 우리 몸에 더 이상 필요하지 않다. 몸에서 이런 세포에게 자결 명령을 보내면 세포는 특수한 물질을 자신의 세포막 바깥쪽으로 이동시켜 대식세포macrophage라 불리는 파괴자가 자신을 먹어 치우도록 유도한다. 보통의 세포가 보호복을 입은 사람이라면, 자살 명령을 받은 세포는 벌거벗은 채 몸에 꿀을 바르고 벌집 옆에 서 있는 사람이다. 침입자를 공격하는 벌처럼 특수 신호를 발견한 대식세포는 세포를 공격한다. 이것이 세포자연사, 즉 아폽토시스apoptosis이다.

　　세포자연사는 발달에 필수적이다. 배 속 태아의 손가락은 마디마디가 다 붙어 있어 오리발처럼 생겼다. 물갈퀴 부분의 세포가 스스로 죽어야 온전한 손가락이 생긴다. 조각상을 만들 때 필요 없는 부분의 돌이 떼어져 나가는 것과 같은 원리이다.

　　암은 세포가 자연사 명령을 받아들이지 않고 무분별하게 증식하는 질병으로 허파, 간, 위장처럼 세포 분열이 잘 일어나는 곳에서 발생한다. 종양에서 출발한 암세포는 엄청난 세포로 분열하여 암 덩어리를 만들고 사람의 목숨까지 위협한다. 신체가 국가라면 암세포는 반골反骨이다. 유전적인 요인이 아닌 경우, 암이 일어나기 위해서는 오랜 시간에 걸쳐 유전자 변이mutation가 일어나야 한다. 유전자 변이는 자연적으로 일어나기도 하지만 방사선이나 니코틴, 자외선 같은 외부 요인에 의해 더 빨리 일어난다. 암을 일으키는 이러한 요인을 칼시노겐carcinogen이라 한다. 나이가 들수록 암 발병이 잦은 이유는 유전적 변이가 축적되면서 암을 일으키는 세포가 늘어나고 이를 억제하는 능력이 약해지기 때문이다.

사람의 몸에는 50조 개의 세포가 있고 늙는다는 것은 각각의 세포가 늙는다는 뜻이다. 이 현상은 텔로미어 길이와 관련이 있으므로 인간이 늙는 이유는 각 세포의 텔로미어가 짧아지기 때문이라고 볼 수 있다. 그렇다면 세포가 분열할 때 텔로미어 길이가 짧아지지 않는다면 시간이 지나도 늙지 않는다는 기대를 할 수 있지 않을까? 실제로 그런 세포가 존재한다.

헬라 세포Hela cell라 불리는 세포주는 1951년 헨리타 렉스Henrietta Lacks라는 여성의 자궁경부 암 덩어리에서 추출되었다. 헨리타 렉스는 그해 10월에 암 때문에 사망했지만 헬라 세포 덩어리는 매우 빠른 분열을 거듭하여 아직까지도 살아 있다. 물론 세포 하나하나가 그때부터 지금까지 살아 있지는 않고 분열된 후손들이 살아 있는 것이다.

일반적인 세포는 분열을 할수록 텔로미어가 닳기 때문에 분열 횟수에 제한이 있다. 이를 헤이플릭 한계Hayflick limit라 하며 인간 세포의 경우 20회~70회이다. 그렇지만 헬라 세포는 텔로미어를 스스로 회복할 수 있기 때문에 무한히 분열이 가능하다. 헬라 세포주는 시험관 내에서 분열을 지속하는 것으로 밝혀진 최초의 인간 세포이며 제대로 된 환경만 조성된다면 헬라 세포 덩어리는 영원히 살아남을 것이다.

• 암세포는 분열을 계속해도 텔로미어가 줄어들지 않는다. 때문에 개발 중인 항암제 중에는 텔로미어가 늘어나는 작용을 방해해서 암세포의 증식을 막으려는 것들이 있다.

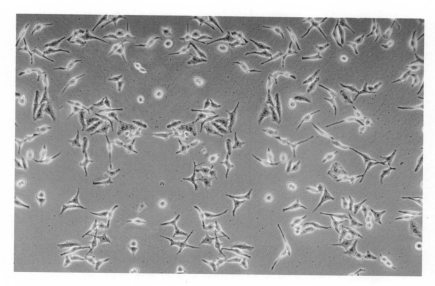

헬라 세포의 모습.

오히려 원하는 세포를 키워야 하는데 어디선가 들어온 헬라 세포가 자라서 연구를 망치는 경우가 많다. 이런 세포를 흔히 '잡초'라고 한다. 그렇지만 헬라 세포의 불멸성을 연구해 일반 세포에도 적용시키면 진시황의 꿈이 이뤄질지 모른다.

다른 암세포 또한 시험관에서 쉽게 증식이 가능하기 때문에 세포의 특성을 알아보는 데 유용하다. 예를 들어 인간의 피부 세포는 시험관 배양이 불가능하지만 암이 일어난 피부 세포는 쉽게 배양할 수 있다. 이런 비정상 세포의 증식력만 잘 차용한다면 정상 세포가 건강하게 자기 스스로를 잘 복제하여 늙지 않고 젊음을 유지하도록 도와주는 약이 나올지도 모르겠다.

불로와 영생은 인간의 오랜 염원이었다. 특히 권력의 정점에 있던 자들은 인생의 달콤함을 영원히 맛보고 싶었던 것 같다. 진시황은 신하들을 보내 불로초를 구하게 했고 이 중 제나라 출신의 서복徐福은 진시황의 명을 받고 몇 천 명의 일행과 함께 우리나라를 거쳐 일본까지 갔다고 전해진다. 제주도의 서귀포西歸浦는 서복이 서쪽으로 돌아간 포구라는 뜻에서 지어진 이름이라고 한다.

북한의 지도자였던 김정일이 노화를 방지하기 위해 젊은 사람의 피를 수혈했다는 소문도 있다. 놀랍게도 미국 스탠퍼드 대학교에서 젊은 피 수혈이 실제로 노화를 늦춘다는 연구 결과를 발표하기도 했다. 연구진은 나이 든 쥐에게 어린 쥐의 피를 수혈하자 학습 능력, 기억력이 증가하며 뇌세포 간 연결이 20% 증가했다고 보고했다. 2014년의 발표 자료이기 때문에 후속 연구와 검증이 필요하겠지만 노화 방지와 관련하여 주목할 만한 내용이다.

성장 호르몬Growth hormone 또한 노화 방지 물질로 주목을 받는다. 실제로 많은 할리우드 스타가 노화 방지와 원기 회복을 목적으로 성장 호르몬을 투여받는다. 학계에서는 논란이 있지만 많은 사람들이 실제로 효과를 보았다고 주장한다. 성장 호르몬은 운동선수들에게 사용이 금

• 성장 호르몬은 말 그대로 성장에 관여하기 때문에 성장 호르몬이 부족한 어린이는 키가 잘 자라지 못한다. FC 바르셀로나의 축구 선수인 리오넬 메시는 성장 호르몬 결핍 진단을 받았지만 성장 호르몬을 투여할 만한 경제적 여유가 없었다. 메시의 재능을 알아본 바르셀로나 구단은 청소년 메시의 성장 호르몬 투여를 지원하기로 했고 결국 그는 169cm까지 자라(이는 메시의 조국 아르헨티나 성인 남성의 평균 키인 173cm에 조금 못 미치는 수준이다.) 최고의 축구 선수가 되었다.

지되어 있으나 일부 선수들이 기록 향상을 위해 사용하기 때문에 IOC는 혈액 검사를 통해 투여 여부를 검사한다. 성인의 경우 성장 호르몬이 부족하면 골다공증이나 근육 감소, 기억력 감퇴, 우울증 등이 나타나는 것으로 보아 성장 호르몬과 활력 사이에는 어느 정도 연관이 있는 것으로 보인다.

노화 억제를 위해 고장 난 부분을 통째로 바꿔 버리는 방법도 있을 수 있다. 나이가 들어 무릎이 아프면 무릎 연골을 새것으로 교체하는 식이다. 문제는 자신의 부품을 찾는 일인데, 연구자들은 줄기세포에서 희망을 찾고 있다. 줄기세포는 어느 기관이라도 될 수 있는 만능의 세포이다. 아직 알려지지 않은 적절한 방법을 통해 하나의 줄기세포를 연골 조직으로 배양시킬 수만 있다면 인간은 자신의 장기를 교체해 나가면서 노화로부터 자유로워질 수 있다.

스스로 어린 시절로 돌아가 영생을 유지하는 생물체도 있다. 지중해와 일본 근해에서 발견되는 작은보호탑해파리Turritopsis nutricula는 유생幼生 상태에서 폴립으로 변한 후 점차 해파리 형태를 갖춰 간다. 이들은 나이가 들거나 주변 환경이 좋지 않으면 다시 폴립 상태로 돌아가서 새로운 삶을 시작한다. 사람으로 따지자면 다치거나 늙었을 때 다시 아기가 되는 셈이다. 이런 마술이 가능한 이유는 성숙한 세포를 다른 종류의 세포로 바꿀 수 있는 특수한 능력 덕분이다. 전환분화trans-differentiation라 불리는 이 능력은 그 메커니즘이 아직 알려지지 않았다.

수명에는 유전적인 측면이 있기에 장수자의 자식은 좀 더 장수하는 경향이 있다. 그렇다면 장수하는 개체끼리 교배시키는 과정을 오

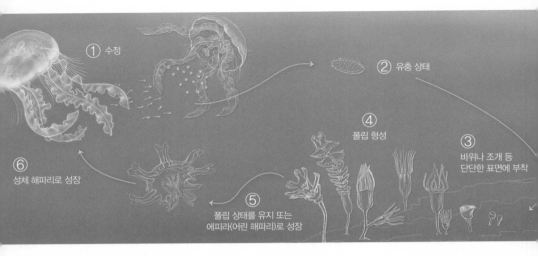

① 수정

② 유충 상태

④ 폴립 형성

③ 바위나 조개 등 단단한 표면에 부착

⑥ 성체 해파리로 성장

⑤ 폴립 상태를 유지 또는 에피라(어린 해파리)로 성장

작은보호탑해파리는 주변 환경에 따라 폴립 상태로 돌아갔다가 다시 자라나 해파리의 형태를 갖추는 것이 가능하다.

랜 세대 반복하면 수명을 늘릴 수 있지 않을까? 실제로 이런 상상을 실현한 연구들이 있었다. 오랫동안 생존한(10주 정도) 초파리끼리 교배시키자 10세대 만에 수명이 30% 늘어났고, 50세대가 지나자 수명이 2배가 되었다.

상당히 고무적인 결과인데 이렇게 수명이 늘어난 초파리들은 음식이나 물이 없는 상황에서도 잘 살아남고, 화학 물질에도 강한 저항성을 보였다. 그렇지만 이들은 움직임과 신진대사가 더디고 짝짓기에 별다른 흥미를 보이지 않았다. 이들의 삶은 길기만 할 뿐 굵지 못했다. 직관적으로 보았을 때 수명을 억지로 길게 하면 그만큼 대가가 따르는 것 같다. 반대로 활기찬 삶을 사는 것 또한 수명 단축이라는 비용을 필요로 한다.

노화가 꼭 나쁜 것만은 아니다. 공자는 50대가 지천명知天命, 하늘의 뜻을 안다., 60대는 이순耳順, 귀가 순해진다., 70대는 종심從心, 행동해도 법도에서 벗어나지 않는다.이라고 하였다. 실제로 어느 정도 일리가 있는 말이다. 인간의 뇌세포는 20세 전후까지 세포 수가 증가하다가 이후로 조금씩 감소한다. 반면 뇌세포 간 결합(시냅스) 수는 태어나고 나서부터 지속적으로 감소한다. 뇌세포가 줄어들고, 뇌세포 간 결합이 줄어드는 것은 지능의 퇴보처럼 보일지 모르지만 오히려 지식의 정리와 통찰력 향상에 도움을 준다. 회로가 효율적으로 변하기 때문이다. 생각의 방향이 중구난방하지 않기 때문에 고도의 집중을 할 수 있고 멋진 글을 쓸 수도 있다. 노화가 원숙미를 가져오는 것이다. 또한 노화 세포가 일반 세포에 비해 외부 스트레스에 더 잘 견딘다는 연구 결과도 있다. 열, 염분, 강한 빛 등의 자극에 의해 일반 세포가 파괴될 때에도 노화 세포는 버틸 수 있다. 노화는 어쩌면 축복일지 모른다.

　　노인은 인류의 생존에 커다란 도움을 주었는지도 모른다. 노인의 축적된 경험은 귀중한 가치를 갖기 때문이다. 프랑스 라샤펠오생에서 발견된 네안데르탈인 화석은 관절염 때문에 뼈가 심하게 구부러졌고 이가 빠져서 입도 들어갔다. '라샤펠의 늙은이'란 별명을 얻은 그 네안데르탈인은 노인이었고 분명 남들의 도움 없이는 살 수 없었을 것이다. 그 집단의 구성원은 그 노인을 정성스레 돌본 것이 분명하다. 동유럽의 조지아에서 발견된 초기 인류 화석은 180만 년 전의 것으로 역시 이가 없는 노인이었다. 빙하기라는 극한 환경 속에서 그 집단 역시 노인을 도와주었다. 노인을 공경하고 보필하는 것은 의무인 동시에 인간의 본성일 수 있다.

앞서 죽음이 서러운 이유가 돌이킬 수 없다는 점, 즉 비가역성 때문이라는 말을 했다. 노화도 마찬가지이다. 시간 자체가 비가역적이기 때문에 젊음은 다시 돌아오지 않는다. 알프레드 하우스만A. E. Housman 은 인생에 대한 덧없음을 제목이 붙지 않은 다음 시를 통해 잘 드러냈다.

> 가장 아름다운 나무, 벚나무는 이제
> 가지마다 활짝 핀 꽃을 달고
> 부활절 축제를 위한 흰 옷을 입은 채
> 숲 속 길 근처에 서 있네
>
> 이제, 세 번의 스물에 열을 더한 것 중
> 스물은 다시 오지 않으리
> 또 일흔 번의 봄에서 스물을 빼면
> 겨우 쉰 번만 더 남아 있네
>
> 활짝 핀 것들을 바라보기에
> 쉰 번의 봄은 너무 조금이지만
> 나는 숲 근처로 나아가리
> 흰 눈에 덮인 벚나무 보러

세 번의 스물에 열을 더하니 70이 된다. 70년의 자기 인생 중에서 20세는 다시 오지 않는다고 화자는 말한다. 시간의 비가역성이 드러나는 구절이다. 하우스만은 자신의 인생을 70세라고 보았지만 그는 실제로 76세까지 살았다.

우리는 늘 살아온 날 중에 가장 나이 든 날을 살고, 살아갈 날 중에 가장 젊은 날을 산다. 하우스만의 시처럼 지나온 날들을 후회하기보다 앞으로 남은 시간을 생각하면서 현재에 충실한 삶을 사는 건 어떨까? 혹자는 죽음보다도 노화가 두렵다고 말하지만 노화에는 노화만의 가치가 있으며 삶에 대해 감사하도록 도와준다.

문학적으로
생각하고
과학적으로
상상하라

과학과 문학의
패러다임을
뒤흔든 진화론

이장욱의
「기린이 아닌 모든 것에 대한 이야기」

가장 강하거나 똑똑한 것들이
살아남는 게 아니고
변화에 가장 잘 대응하는 것들이 살아남는다.

_찰스 다윈

기린의 목이 긴 이유

이장욱의 「기린이 아닌 모든 것에 대한 이야기」는 다음과 같이 시작
한다.

> 기린이 아닌 모든 것에 대한 이야기를 해 드릴까요?
> 내가 그렇게 말하면, 당신은 어떤 생각을 합니까? 정말 기린이
> 아닌 모든 것을 생각합니까? 목이 참 길고, 키가 껑충하니 크고,
> 무중력 공간인 듯 천천히 움직이는 그 동물을 제외한, 모든 것을
> 생각합니까?[*]

> 기린은 독특하다. 긴 목과 긴 다리, 몸에 있는 얼룩무늬, 머리에

---

* 이장욱, 『기린이 아닌 모든 것』, 문학과지성사, 2015

난 뿔을 보면 마치 상상 속에 사는 동물처럼 보인다. 기린은 중고등학교 과학 교과서, 특히 진화론 부분에서 단골로 등장한다. 기린이 긴 목을 갖게 된 이유에 대해 라마르크는 용불용설用不用說을 주장했다. 용用은 쓴다는 뜻, 불용不用은 안 쓴다는 뜻이니 우리말로는 '쓰거나 안 쓰거나' 학설 정도로 옮길 수 있다. 기린이 자꾸 목을 늘리려고 힘을 주다 보니 세대가 지나며 기린의 목이 길어졌다는 이론이다.

그렇지만 현대의 유전학자들은 기린이 아무리 스트레칭을 해서 목을 늘려도 그 성질은 자식에게 물려지지 않는다는 걸 안다. 자식에게 물려주는 DNA 서열에는 아무런 변화가 없기 때문이다. 어려운 말을 쓰자면 '획득 형질은 유전되지 않는다.'고 할 수 있다. 덕분에 팔에 흉터가 생겨도 자식은 그 흉터를 물려받지 않는다.

여러 생물학 책에서 기린의 목 길이를 '자연 선택'으로 설명한다. 자연 선택의 원리는 간단하다. 여러 기린이 있다. 어떤 녀석은 목이 좀 길고, 어떤 녀석은 목이 좀 짧다. 목이 긴 녀석은 높은 곳에 있는 먹이를 잘 먹으니까 튼튼하고 목이 짧은 녀석은 먹이를 잘 먹지 못해 비실비실하다. 때문에 목이 긴 녀석들이 살아남아 자식을 낳는다. 목이 긴 기린에게서 태어났으므로 그 자식들은 남들보다 목이 길다. 그중에서도 목이 좀 더 긴 아이들이 있고 목이 상대적으로 짧은 아이들이 있다. 마찬가지의 원리로 목이 더 긴 아이들이 살아남는다. 이런 과정이 몇 백만 년 동안 지속되어 지금의 목 길이에 도달했다고 한다.

정말로 긴 목이 생존에 유리할까? 그렇다면 왜 사슴이나 얼룩말은 목을 기르지 않았을까? 사실 기린은 긴 목을 가지기 위해 아주 많은 불편을 감수해야 한다. 기린의 목은 그 길이 때문에 아주 무겁다. 따라서 중심을 잡고 이동하는 데 많은 에너지가 필요하다. 야생에서 에너지는 자본주의 사회에서의 돈과 같다. 에너지를 낭비하는 것은 곧 자살 행위이다.

물을 마실 때에도 아주 불편한 자세를 취해야 한다. 또한 기린은 머리 위까지 피를 보내기 위해서 비정상적으로 강한 심장을 가졌기 때문에 갑자기 머리를 숙이면 피가 쏠려서 정신을 잃기도 한다. 목이 길기 때문에 입에서 폐까지 공기를 보내는 것도 매우 어려울뿐더러 지렛대의 원리에 의해 목의 아랫부분이 받는 부담 또한 막대하다. 도대체 꼭대기에 있는 잎들이 얼마나 맛있기에 기린은 그런 불편을 감수할까? 꼭대기의 잎사귀에는 초콜릿이라도 발라져 있는 것일까?

여기서 반전이 시작된다. 기린의 키는 보통 4m 정도이다. 과학자들은 기린이 어느 높이의 잎을 먹는지 조사했다. 그 결과, 기린은 주로 2m 높이에 있는 잎을 먹었다. 자기 키 높이에 있는 잎도 먹긴 하지만 소량에 불과했다. 먹이를 먹는 목적을 위해서라면 기린의 키는 지금의 반만 되어도 된다. 기린의 긴 목은 먹이를 먹기 위한 것이 아니었다. 그렇다면 도대체 기린의 목은 왜 길어졌을까?

진화론은 한동안 순환 논증에 빠졌다. 투명한 날개에 별 특징 없는 몸통을 가진 보통의 파리와 달리 얼룩무늬 날개와 붉은 몸통을 가진 테프리티드 파리tephritid fly를 발견했다고 하자. '테프리티드 파리는 왜 이런 구조로 진화했습니까?' 라는 질문에 진화론자들은 별생각 없이 '그것이 생존에 더 유리하니까요.'라고 답했다. '그렇다면 왜 그게 생존에

테프리티드 파리는 유럽 매자나무에 기생해 열매 속에 알을 낳는다. 알에서 깨어난 애벌레는 씨앗 속에 들어가 씨앗을 파먹으며 자란다.

더 유리합니까?'라는 질문에는 '그렇게 진화했으니까요. 진화는 생존에 유리한 방향으로 일어납니다.'라고 답하는 식이다. '철수가 어디 있니?'라는 질문에 '영희 옆에요.'라 답하고, '그럼 영희는 어디 있니?'라는 질문에 '철수 옆에요.'라고 답하는 거나 다를 바 없다.

그런 식으로 생각하면 어떤 특성이건 다 생존에 유리하다는 설명이 가능하다. '피는 왜 붉습니까?'라는 질문에는 '피가 빨간색이면 공격을 당했을 때 경고의 의미를 보낼 수 있습니다. 무서워진 공격자는 더이상 공격하지 않기 때문에 생존에 유리합니다.'라는 궤변을 만들 수도 있다. 이것은 생물학자들이 한때 실제로 주장했던 논리이다.

피가 빨간색인 이유는 철 이온을 가진 헤모글로빈 때문이지, 피가 빨간색이어서 상대방이 공격을 중지한다는 증거는 없다. 그렇다면 오징어나 거미의 피는 파란색이어서 상대방에게 경고의 의미를 보내지 못하는가? 결국 '생존에 유리해서 진화했습니다.'라는 원론적 설명은 생명체의 모든 특성을 설명했지만, 모든 것을 설명하는 것은 결국 아무것도 설명하지 못했다.

요즘의 진화론은 훨씬 세련되었다. 더 이상 '생존에 유리할 겁니다.'라고 두루뭉수리하고 무책임하게 답변하는 것이 아니라 그것이 정말 생존에 유리하다는 것을 실험을 통해 보여 준다. 예를 들어, 알록달록한 무늬가 있는 테프리티드 파리의 날개를 떼어 내고 보통 파리의 날개를 붙인 결과,* 포식자들에 의해 더 쉽게 잡아먹힌다는 것이 밝혀졌다. 특이한 날개는 상대방을 교란하는 역할을 했다.

그렇다면 본론으로 돌아가서, 기린은 왜 목이 길까? 답은 수컷들의 싸움에 있다. 수컷들은 암컷을 차지하기 위해 결투를 벌인다. 다큐멘터리를 자주 보는 사람이라면 기린의 목 싸움을 이미 봤을 수 있겠다. 기린의 목은 철퇴나 채찍 같다. 무거운 목을 빙빙 돌려 쿵 하는 소리가 날 정도로 상대방을 세게 때린다. 서로 목을 감고 힘 싸움을 하는가 하면 머리의 뿔로 상대방을 찌르기도 한다. 목이 긴 기린은 싸움의 승자가 되고 암컷을 차지하여 후손을 남긴다. 즉 생존에는 불리하지만 자식을 낳는 데 유리하기 때문에 목이 길어진 것이다. 이것을 '성 선택sexual

---

* 수술을 한 게 아니다. 그냥 날개를 떼어 내고 풀로 다른 날개를 붙인 것이다. 그렇게 해도 파리는 평소처럼 행동한다.

selection'이라 부른다.

　　이런 긴 목을 유지한 채로 뇌에 피를 보내기 위해 기린의 혈압은 인간의 2배이고 심장 무게 또한 10kg이나 된다. 그렇지만 높은 혈압은 뇌에 좋지 않으므로 원더 네트wonder net라는 특수한 혈관 조직이 뇌 혈압을 조절하며 한 번 산소를 내려놓은 피가 역류해서 뇌에 손상을 주는 불상사를 방지하기도 한다. 그럼에도 불구하고 머리를 내리는 행위는 때때로 기절을 불러일으킬 만큼 치명적이다. 기린은 물을 마실 때마다 고개를 내려야 하므로 물 마시는 횟수를 줄이기 위해 소변을 매우 고농도로 내보낸다.

　　수컷 공작의 화려한 꼬리도 성 선택의 대표적인 사례이다. 수컷 공작이 꼬리를 펼치면 그렇게 아름다울 수 없다. 한 폭의 병풍처럼 화려하고 커다란 깃털이 탄성을 자아낸다. 그렇지만 이 꼬리는 생존에 아주 불리하다. 우선 꼬리를 편다는 것 자체가 남들에게 '나 여기 있으니 잡아먹으세요.'라고 말하는 것과 다름없고, 포식자로부터 도망칠 때도 걸리적거린다. 그럼에도 이런 꼬리가 발달한 이유는 암컷들이 그 꼬리를 보고 반하기 때문이다. 생존에 불리하더라도 이성이 매력을 느낀다면 그 형질은 후세에 더 많이 퍼질 수밖에 없다.

　　인간도 마찬가지이다. 상대방의 외모를 보고 매력을 느끼는 인간은 화려한 꼬리를 보고 반하는 공작과 무엇이 다르겠는가? 인간과 동물의 이러한 성 선택은 일본의 건국 신화를 떠올리게 한다. 이 신화를 통해 분명한 이득을 포기하면서까지 아름다움을 쫓는 인간의 모습을 엿볼 수 있다.

일본의 시조신인 아마테라스에게는 호노니니기라는 손자가 있었다. 호노니니기는 일본을 지배하기 위해 천상 세계에서 땅으로 내려갔다. 그는 고노하나[木花, 꽃을 상징]와 이와[岩, 돌을 상징]라는 두 여자와 교제했는데 그 이름대로 고노하나는 아름다웠고 이와는 그렇지 못했다. 호노니니기는 아름다운 고노하나를 아내로 맞이하였다.

꽃은 한순간 아름답지만 지고 만다. 바위는 시간이 지나도 변치 않지만 꽃처럼 아름답지는 않다. 때문에 꽃은 화려하나 유한한 삶을, 바위는 영생을 상징한다. 호노니니기는 꽃을 선택하고 바위를 포기함으로써 스스로 영생을 포기했다고 볼 수 있다. 일본 신화는 이를 통해 신이라 일컬어지는 천황이 영생을 하지 못한다는 사실을 정당화시킨다. 호노니니기는 생존을 위한 자연 선택보다는 아름다움을 추구한 성 선택을 우선시한 셈이다.

인간의 뇌에는 얼굴을 전문적으로 인식하는 방추이랑fusiform gyrus이란 부분이 존재한다. 사람을 구분하고 표정을 통해 감정을 읽어내는 데 탁월한 우리 뇌는 미인과 그렇지 않은 사람을 단 0.1초 만에 구분한다. 미인을 바라볼 때 남자의 뇌에서는 쾌락 호르몬이 나와서 행복감에 젖게 한다. 그런 이유 때문에 생명과 관계없는 성형수술이 우리나라에서 한 해에 몇 십만 건씩 이뤄진다. 성 선택이 강력하지 않았더라면 고등학교를 갓 졸업한 여학생들이 성형외과를 찾는 일도, 뛰어난 의대생들이 흉부외과나 신경과가 아닌 성형외과로 진로를 선택하는 일도 거의 없었을 것이다.

박민규의 『죽은 왕녀를 위한 파반느』에서도 '못생긴 여자를 사랑할 수 있는가?'라는 지극히 성 선택적인 질문을 던진다. 미모는 고작 피부 한 꺼풀Beauty is but a skin deep이란 것을 이성적으로는 잘 알고 있으면서도 사람이나 동물이나 외모를 따진다.

그렇다면 성 선택은 왜 일어날까? 만약 암컷 공작이 수컷의 화려한 꼬리를 보고 반하지 않는다면 수컷의 화려한 꼬리는 진화하지 않았을 테고, 공작은 지금보다 훨씬 더 많이 퍼졌을지 모른다. 사실 사람도 마찬가지이다. 근육이나 키는 생존과 관련이 있어 좋아할 수 있겠지만 미의 기준 중에는 생존과 전혀 상관없는 것들이 많다. 커다란 눈은 시야에 별 도움이 되지 않고 오히려 눈병에 자주 걸린다는 단점이 있다. 갸름한 턱보다는 각진 턱이 음식을 씹는 데 훨씬 도움이 된다. 오렌지색 머리 역시 포식자에게 포착될 확률을 높일 뿐이다. 다윈의 관점에서 본다면 이런 성향은 진화되지 않았어야 한다.

여기에 대해서 두 가지의 설명이 가능하다. 첫 번째는 로널드 피셔Ronald Fisher의 폭주 이론Runaway Hypothesis이다. 영국의 통계학자이자 생물학자인 피셔가 제안한 이론에 따르면 만일 어떠한 특징이 이성에 의해 선호된다면 세대가 지날수록 그 선호도가 점점 커진다. 붉은천인조red color widow bird의 경우 수컷의 꼬리가 길수록 암컷에 의해 선호된다. 긴 꼬리를 가진 수컷들은 자신을 좋아하는 암컷들과 교미를 해서 새끼를 낳을 것이다. 그 새끼들은 긴 꼬리를 가질 뿐만 아니라 긴 꼬리를 좋아하는 성질을 가진다. 새로운 세대의 새들 중에 긴 꼬리를 가진 개체는 또다시 번식에 성공하고 다음 세대는 더 긴 꼬리를 가지고 긴 꼬리를 더 좋아한다.

이 과정이 반복되면 그 종에는 긴 꼬리와 더불어 긴 꼬리를 좋아하는 특징이 같이 나타난다. 마치 폭주하는 기관차처럼 이런 성질은 세대가 지날수록 강해진다. 그렇지만 꼬리가 무한정 길어지지는 않을 것이다. 너무 긴 꼬리를 가진 새들은 생존에 불리하기 때문에 번식할 수 있는 나이까지 생존할 수 없기 때문이다. 진화는 자연 선택의 압력이 성 선택의 압력과 균형을 이루는 지점까지 일어난다.

한편, 더 강인한 대상을 찾기 위해 성 선택이 존재한다고 생각할 수도 있다. 수컷 사슴이 커다란 뿔을 가진 채 번식할 나이까지 살아남았다면 그것을 본 암컷 사슴은 '저 뿔을 가지고도 저렇게 살아남았다니! 저 사슴은 정말 대단하구나!'라고 생각하면서 매력을 느낄 수 있다. 즉 장애 요소를 가졌음에도 생존했다는 것은 그만큼 그 개체가 민첩하고 영리하다는 뜻으로 해석될 수 있다. 아모츠 자하비Amotz Zahavi의 장애 이론은 마치 쓸데없는 사치품이 그 사람의 경제적 지표로 사용되듯 생존에 불리한 특징이 우월함의 지표로 사용될 수 있다고 말한다.

앞서 살펴본 천인조 역시 이런 관점에서 분석이 가능하다. 긴 꼬리는 생존에 불리하지만 그 꼬리를 가지고 어른 새가 되었다면 이성들은 그만큼 그 새가 대단하다고 느낄 것이다. 수컷 공작도 마찬가지이다. 그렇다고 해서 생존율을 감소시키는 요소에 대해 언제나 매력을 느끼지는 않는다. 머리에 뿔이 달린 사람이 있다고 해 보자. 그 뿔은 걸리적거릴 뿐더러 너무 무거워서 목을 가누기도 힘들다. 그런 뿔을 가지고 살기 위해서는 더 많은 근력, 민첩성이 필요하지만 그런 뿔이 과연 이성에게 매력으로 다가갈지는 의문이다.

이유야 어쨌든 매력적인 개체는 성 선택에 의해 더 많은 자손을 남길 수 있었고 자신의 유전자를 더 많이 퍼뜨렸다. 일부일처제가 일반적인 현대 사회에서는 누군가가 더 아름답다고 해서 자식을 더 많이 낳는 일은 드물다. 그렇지만 과거에는 아름다운 사람의 번식 성공률이 높았을 거라고 추측해 볼 수 있다.

지금까지 기린의 목을 늘려 버린 성 선택에 대해 알아보았다. 이성에게 선택받기 위해 물을 마실 때마다 위험을 감수해야 하는 이 존재는 참으로 가련하기까지 하다. 기린의 목이 길어진 진짜 이유를 안다면 소설의 감상은 어떻게 달라질까? 우리는 앞으로 실연으로 고통받는 친구를 볼 때 "괜찮아. 너는 그래도 사랑 때문에 피가 쏠려 기절할 일은 없잖아."라고 말할 수 있을까?

진화가 향하는 방향

현재 우리의 진화는 어느 방향을 향하고 있을까? 가축이나 작물의 진화 방향은 간단하다. 더 맛있고 많이 생산하는 방향으로 흐른다. 인간이 그렇게 통제하기 때문이다. 열매를 많이 맺는 식물의 씨를 그다음 해에 뿌리고, 그 후손 중 열매를 많이 맺는 씨를 고르는 과정을 반복하다 보면 종의 특성이 몇 세기 만에 바뀌기도 한다.

북아메리카가 원산지인 야생 옥수수 테오신트
(teosinte).

야생의 호박은 과육이 거의 없지만 사람들이 과육이 있는 호박의 씨앗을 선택하여 키우다 보니 지금은 과육이 매우 커졌다. 야생 아몬드에는 독이 있고 쓴맛이 나지만 인공 선택artificial selection을 거친 현대의 아몬드에는 그런 성질이 없다. 야생 옥수수의 자루는 겨우 1~2cm였지만 지금은 '하모니카'를 불 수 있을 정도로 크다.

단순히 크기만 커진 것이 아니다. 원시의 완두콩과 벼는 자신의 씨앗이 주위로 떨어지도록 씨주머니를 벌렸다. 씨주머니가 벌어지지 않는 돌연변이가 생기면 씨앗이 주머니 안에서 썩어 버리기 때문에 번식에 치명적이다. 그렇지만 이 돌연변이는 인간의 입장에서는 씨앗(콩이나 쌀)을 거두기 쉽다는 장점이 있기에 그런 형질을 가진 것들이 선택되어 현재 종의 특성으로 자리 잡았다. 이제 논밭에서 자라는 콩과 벼는 씨주머니를 벌리지 않는다. 현대 사회에서는 생명공학의 눈부신 발전으로 인해 이런 품종 개량 속도가 훨씬 빨라졌다.

야생 동물은 주로 자연 선택의 영향하에 있다. 달리기가 느린 얼룩말은 사자에 의해 잡아먹히고, 시력이 나쁜 독수리는 굶어 죽는다. 때문에 얼룩말과 사자는 점점 빨라지고 독수리의 눈은 점점 좋아진다. 이런 점에서 진화를 흔히 『이상한 나라의 앨리스』에 나오는 '붉은 여왕'에 비유한다. 붉은 여왕의 나라에서는 주변 세계가 움직이기 때문에 아무리 빨리 뛰어도 앞으로 나아가는 것이 힘들다. 따라서 붉은 여왕은 제자리에 있기 위해서라도 온 힘을 다해 달려야 한다. 진화도 마찬가지다. 한 종이 아무리 진화를 거듭해도 그 포식자나 먹잇감 역시 쉬지 않고 진화한다. 때문에 어느 한 종이 쉽사리 우세해지지 못한다.

진화는 영어로 'Evolution'이라고 한다. Evolution은 'Evolve'란 단어의 명사 형태인데, Evolve에는 발전한다는 뜻이 있다. 과연 진화가 그 이름처럼 언제나 발전하는 방향으로 흐를까? 얼핏 보면 그렇다고 느낄 수 있다. 자연 선택이라는 무시무시하고 잔인한 도구를 통해 센 놈이 살아남고 그다음 세대에는 더 센 놈이 살아남기 때문이다.

사실 다윈은 처음부터 Evolution이란 단어를 사용하지 않았다. 처음에 출판한 『종의 기원』에서 다윈이 선택한 용어는 Evolution이 아니라 'Descent with Modification(변화를 동반한 유전)'이었다. 다윈과 거의 비슷한 생각을 했던 알프레드 월레스Alfred Wallace는 'The Tendency of Varieties to Depart Indefinitely From the Original Type(본래의 모습으로부터 완전히 멀어지려는 변화의 경향)'이라는 표현을 사용했다.

사회과학자 허버트 스펜서Herbert Spencer가 사용하면서 널리 알려진 Evolution이란 단어는 『종의 기원』 6판부터 등장한다. 단어만 놓고 보면 Descent with Modification이 Evolution보다 뜻을 더 명확히 전달한다. 단어 자체가 정의를 드러내기 때문이다.

우리(지구의 모든 생물)는 38억 년 동안 쉬지 않고 진화해 왔다. 그렇다면 이 오랜 기간 동안 진화한 우리는 발전할 수 있는 가장 발전된 형태일까? 우리 몸에는 2만 5,000개 정도의 유전자가 있다. 각 유전자는 평균적으로 100개의 아미노산으로 구성된 단백질을 만든다. 3개의 뉴클레오타이드가 하나의 아미노산에 대한 정보를 담고 있으므로 한 유전자는 대략 300개의 유효한 DNA 서열로 구성되어 있다. 유효한 서열이란 말을 쓴 이유는 유전자 안에는 단백질 정보를 갖지 않은 서열도 있기 때문이다.

진화라는 것은 결국 돌연변이에 의한 DNA 서열 변화이다. 서열 변화가 일어나서 생물의 모습이 바뀌었을 때 그 모습이 적합하면 그들은 살아남고 생존에 불리하면 그 서열 변화는 사라진다. 비유하자면 시를 고칠 때 글자를 아무렇게나 바꾼 여러 수정본을 보면서 마음에 들지 않는 것을 없애는 식이다.

하나의 유전자가 100개의 아미노산으로 된 단백질을 만들어 낼 때 유전자가 만들 수 있는 단백질은 모두 20^{100}가지이다. 아미노산이 모두 20가지가 있기 때문이다.[*] DNA를 분해하는 역할을 하는 DNase[**]를 만드는 유전자를 예로 들어 보자. DNase 효소는 약 300개의 아미노산

---

[*] 최근에는 셀레노 프로틴이라는 21번째 아미노산이 발견되기도 했지만 계산의 편의를 위해 그냥 20가지만 있다고 하자.

[**] DNase는 DNA를 분해하는 효소이다. 외부 DNA가 우리 몸에 침입하는 것을 막기 위해 침과 피부에도 다량 존재한다. 때문에 DNA와 관련된 생물학 실험을 할 때에는 침이 튀지 않도록 마스크를 쓰고 장갑을 껴야 한다.

으로 되어 있다. 따라서 DNase를 만드는 유전자는 모두 20^{300}가지의 단백질을 만들 수 있고 이 중 어느 하나가 DNA를 최적화된 조건으로 분해한다.

진화의 과정은 방향이 정해져 있지 않기 때문에 무작위한 변화를 통해 시험하는 수밖에 없다. 변화는 한 세대에서 다음 세대로 갈 때 일어난다. 조건을 정말 관대하게 잡아서, 어떤 종 X의 한 세대 기간이 1초(인간의 경우 한 세대는 대략 30년이다.)이고 각 세대에서 돌연변이가 서로 다른 형태로 일어난다고 해 보자. 각 세대의 개체 수는 10^{10}(100억)이다. 우리 우주의 나이는 초로 환산했을 때 대략 4×10^{17}초에 불과하다. 따라서 이 종은 우주의 태초부터 존재했다고 해도 겨우 4×10^{27}가지의 단백질밖에 시험해 보지 못한다. 전체 경우의 수가 20^{300}인 것을 고려하면 진화만을 통해 최선의 단백질을 찾아내기 어렵다는 결론에 도달한다.

따라서 우리의 유전자는 대부분 최적의 상태가 아닌 물질들을 만들어 낸다. 우리 또한 최선의 결과물이 아니다. 예를 들어 우리의 신체 어느 한 부분이 없어졌을 때 그 부분이 다시 생겨나면 아주 좋을 것이다. 실제로 그 부분을 다시 만들 정보가 DNA 속에 있고 다시 만들 만한 에너지와 물질도 있다. 그렇지만 그런 일은 피부와 특수한 부위를 제외하고는 일어나지 않는다. 근시안적인 진화의 과정이 그런 기작mechanism을 만들지 못했기 때문이다.

실수와 오류는 실패의 원인이 되기도 하지만 때로는 창조적 발전의 원동력이기도 하다. 3M* 사에서 근무하던 스펜서 실버는 강력 접착제를 개발하려다 우연히 약한 접착제를 개발하였다. 이 접착제는 같은 회사 직원의 눈에 띄어 포스트 잇Post it으로 재탄생한 후 3M의 주력 상품이 되었다. 노벨과학상 수상자 중 유일하게 박사 학위를 취득하지 않은 다나카 고이치의 경우 우연히 단백질에 글리세린과 코발트 분말을 섞은 것이 새로운 기술을 발견하는 행운으로 이어졌다. 그러한 방법을 통해 단백질을 파괴하지 않고 이온화할 수 있었다. 이런 실수는 세렌디피티serendipity에 비유될 만하다.

DNA의 복제 오류 또한 마찬가지다. 일반적으로 DNA가 복제될 때 오류가 발생하면 암이나 돌연변이가 발생할 확률이 높아진다. 때문에 인간을 포함한 일부 생물체들은 복제 오류가 일어나도 그것을 바로잡는 체계를 갖고 있다. 그럼에도 불구하고 워낙 많은 수의 DNA 서열을 빠른 시간에 복제하다 보니 서열이 한두 개씩 달라지기도 한다. 이런 오류는 대부분 생명체에게 좋지 못한 결과를 가져오지만 아주 가끔씩은 운 좋게도 더 유리한 성질을 선사한다. 그런 유리한 성질을 가진 개체는 번식에 성공할 가능성이 높으므로 그 변화를 자신의 후손에게도 물려준다.

• 3M은 'Minnesota Mining & Manufacturing'의 앞 글자들을 따서 만든 이름이다.

예컨대 이빨을 만드는 DNA 서열에 변화가 생겨 좀 더 뾰족한 이빨을 갖게 된 치타는 먹이를 더 많이 잡아먹어서 번식에도 성공하고 많은 자식을 낳는다. 근육과 관련된 DNA에 변이가 생겨 달리기 속도가 느려진 치타는 먹이를 제대로 잡지 못해 굶어 죽는다. 즉 유리한 변이를 가진 개체는 살아남아 그 성질을 후세에 물려주지만 불리한 변이를 가진 개체는 그럴 수 없다. 때문에 시간이 지날수록 뾰족한 이빨을 가진 개체가 많아지고 종의 일반적 특성으로 자리잡는다. 이 과정이 변화를 동반한 유전, 즉 진화이다.

종합해 보면 진화는 크게 4단계로 이뤄진다. 먼저 번식에 의해 환경이 수용할 수 있는 적정선보다 더 많은 개체들이 태어난다.(과생산) 어떤 호수에서 살 수 있는 잉어는 200마리 정도인데 800마리의 새끼가 태어나는 그런 상황이다. 태어난 개체들은 서로 특성이 조금씩 다르다.(변이) 이들 중 환경에 알맞은 변이를 가진 것은 생존하지만 불리한 변이를 가진 것은 생존하지 못한다.(적자생존) 유리한 변이를 가진 것들은 다음 세대에도 자신의 유리한 성질을 물려준다.(유전) 때문에 다음 세대의 개체들은 환경에 좀 더 적응된 성질을 가지고 살아간다. 이러한 '과생산 → 변이 → 적자생존 → 유전'의 과정이 매 세대마다 반복되면서 조금씩 진화가 일어난다.

한편 적자생존이 아닌 순전한 우연에 의해 진화가 일어나기도

• 적자생존(The survival of the fittest)에서 적자(適者)나 'fit'이라는 단어는 강하거나 우월하다기보다는 잘 적응했다는 의미를 나타낸다.

한다. 어떤 사람이 길을 가다가 계속해서 갈림길을 만난다고 해 보자. 왼쪽 또는 오른쪽으로 갈 수 있는 갈림길에서 그 사람이 어느 한쪽으로 갈 확률은 정확히 50%이다.(왼쪽과 오른쪽으로 갈 확률이 같다는 뜻이다.) 일반적으로 그 사람은 중심에서 크게 벗어나지 않는다. 그럼에도 불구하고 그 사람이 연속해서 왼쪽을 선택하여 어느 순간 왼쪽의 극단에 올 확률도 낮기는 하지만 분명 존재한다. 진화에서도 그런 경우가 있다.

A와 B라는 두 대립 유전자가 있다고 해 보자. A를 가지든 B를 가지든 생존에는 별 차이가 없다.(예를 들어 머리카락이 직모인지, 곱슬인지 여부는 생존에 미치는 영향이 거의 없다.) A와 B를 동시에 가지는 두 부모로부터 태어나는 자식은 A와 B를 모두 가질 수도 있고 둘 중 하나만 가질 수도 있다. 순전히 우연에 의해 자식들이 모두 A 유전자만 가졌다고 하자. 이런 현상이 여러 세대에 걸쳐 여러 자손에게 나타나면 그 집단에서 B라는 유전자는 아예 사라질 수도 있다. 유전적 부동genetic drift이라 불리는 이런 과정을 통해 자연 선택 없이 종의 특성이 바뀔 수 있다. 이런 유전적 부동은 집단의 구성원 수가 적을수록 잘 일어난다.

유전적 부동이 있기는 하지만 진화에서 가장 큰 영향력을 미치는 과정은 역시나 자연 선택이다. 주로 생존 압력이 어떻게 작용하는지에 따라 진화의 방향 또한 결정된다. 생물체가 가진 여러 가지 특성은 사실 아주 오래전에 살았던, 지금과는 많이 달랐던 선조의 죽음에 의한 산물이다. 바퀴벌레는 오랜 기간 거친 자연 속에서 살아남아야만 했다. 별다른 공격 무기도 없기에 모질게 번식하고 남들을 피해 숨는 개체들만 살아남을 수 있었다. 밀림 속에 살던 조상들의 박해와 희생 덕분에 바퀴벌레는 도시에서도 번성하였다. 이렇듯 강력한 자연 선택의 결과물인 바퀴벌레는 시적 오브제로 재탄생하기도 한다.

> 믿을 수 없다. 저것들도 먼지와 수분으로 된 사람 같은 생물이란 것을. 그렇지 않고서야 어찌 시멘트와 살충제 속에서만 살면서도 저렇게 비대해질 수 있단 말인가. 살덩이를 녹이는 살충제를 어떻게 가는 혈관으로 흘려보내며 딱딱하고 거친 시멘트를 똥으로 바꿀 수 있단 말인가. 입을 벌릴 수밖엔 없다. 쇳덩이의 근육에서나 보이는 저 고감도의 민첩성과 기동력 앞에서는.

열대 지역에 살던 바퀴벌레가 타의에 의해 도시에 들어오자 이들은 원치 않는 탄압을 받아야 했다. 특히나 살충제는 야생의 벌레들이 전혀 경험하지 못한 새로운 포식자였다. 인간이든 곤충이든 근육 세포가 수축하기 위해서는 아세티콜린이란 물질이 근육에 분비되어야 한다. 아세티콜린이 분비되면 효소를 통해 얼른 아세티콜린을 없애야 근육이 다시 다음 명령을 받을 수 있다. 살충제는 아세티콜린을 없애는 작용을 방해해 근육이 계속 수축 상태에 있도록 한다. 벌레는 움직일 수 없을 뿐 아니라 호흡을 담당하는 근육도 마비되어 곧 죽고 만다. 그렇지만 살충제는 예전만큼 힘을 못 쓰고 있다. 벌레들에게 내성이 생긴 것이다. 연구 결과에 따르면 살충제에 노출된 벌레들은 껍질이 두꺼워지고 특수한 유

---

* 김기택 지음, 『태아의 잠』, 문학과지성사, 1991

전자를 껍질에서만 발현시켜 살충제 투입을 막았다. 또 살충제 성분이 작용하는 곳에도 변이가 생겨 살충제의 효과를 감소시켰다.

뿌리는 살충제만이 아니다. 달콤하지만 독성을 가진 가짜 먹이가 바퀴벌레 퇴치에 쓰이자 바퀴벌레들에게는 단것을 싫어하는 속성이 나타났다. 연구진은 앞으로도 달콤한 독 미끼를 쓰면 몇 십 년 안에 모든 바퀴벌레가 단것을 싫어할 것이라고 예측했다. 알에서 성충이 되기까지 겨우 3~4달이 걸리고 평생 400마리까지 새끼를 낳을 수 있는 바퀴벌레의 속성을 감안하면 그 진화의 속도 역시 아주 빠르다고 할 수 있다. 생존 능력의 극한을 보여 주는 바퀴벌레의 진화에는 아직 마침표가 찍히지 않았다.

진화하고 있는 것은 바퀴벌레뿐만이 아니다. 개는 불과 3만여 년이라는 눈 깜짝할 만한 시간 동안 늑대의 모습을 벗어 버리고 지금의 모습을 갖추었다. 사람이 야생의 늑대를 길들여서 개가 된 것인지, 늑대로부터 갈라진 종을 사람이 가축화시킨 것인지는 분명하지 않지만 사람이 개를 자연적으로 선택한 것은 분명하다. 말을 잘 따르고 충성심이 높으며 지능이 높은 개들은 계속 길러졌지만, 주인을 물고 늑대처럼 공격적인 개들은 버려지거나 살해당했다.

특이한 성질을 가진 개들(예컨대 허리가 아주 길다거나 털이 곱슬이거나)은 주인의 사랑을 듬뿍 받아 새끼를 많이 낳았고 그 결과 개의 품종은 현재 340여 종에 이른다. 특히 1850년대 빅토리아 시대의 영국 육종 문화가 품종 수 증가에 크게 기여했다. 이들이 모두 다른 종이라고 볼 수는 없는데 요크셔테리어와 골드리트리버가 다른 품종이라 하더라도 이들은 서로 결혼하여 정상적인 새끼를 낳을 수 있기 때문이다.

　　서로 생식이 가능한지 여부는 종을 구분할 때 자주 쓰이는 방법이다. 숫사자와 암호랑이 사이에 태어난 라이거 수컷은 생식 기능이 없으므로 사자와 호랑이는 '정상적인' 생식을 한다고 보기 어렵다. 따라서 둘은 다른 종이다. 참고로 생식을 하지 않는 균이나 바이러스 같은 종은 주로 DNA 서열을 통해 종을 구분한다. 화석으로 남아 있는 종은 어쩔 수 없이 생김새와 진화적 역사에 따른 구분을 하는데 암컷과 수컷의 모양이 크게 다른 삼엽충은 암컷과 수컷이 같은 종이지만 때론 다른 종으로 착각되기도 한다.

　　진화가 우리 생활과 밀접하게 연관된 부분은 박테리아bacteria•와 바이러스이다. 흔히 쓰는 '균'이라는 단어는 매우 애매하다. 이것은 박테리아(세균)를 뜻할 수도 있고 진균fungus을 뜻할 수도 있다. 버섯이나 효모, 곰팡이 같은 생물이 진균이다. 이들의 세포는 박테리아와 달리 핵이 있는 진핵 세포이다. 박테리아는 진핵 세포에 비해 아주 작으며 핵이 없고 단순한 구조이다. 대장균, 탄저균, 결핵균, 폐렴균 등이 박테리아이다. 박테리아에 의한 질병에는 장티푸스, 파상풍, 매독, 나병 등이 있다.

　　바이러스는 아주 작은 유전 물질 덩어리로서 세포 밖에 있을 때

• 'bacteria'는 복수(plural)형이다. 단수는 'bacterium'이다. 라틴어에서 '~um'으로 끝나는 대부분의 명사를 중성(neuter) 명사라고 하는데 이들의 복수형은 '~a'로 끝난다. 영어에는 복수형에 주로 's'를 덧붙이지만 일부 단어는 라틴어 형식을 그대로 가져왔다. 'data' 역시 'datum'의 복수형이다. 한편 '~us'로 끝나는 명사는 거의 남성 명사(masculine)인데 이들의 복수형은 뒤에 'i'를 붙인다. 'locus'와 'focus'의 복수형은 각각 'loci'와 'foci' 이다.

라이거의 얼굴 생김새는 사자를 닮았지만 몸은 호랑이를 닮았다. 몸에는 호랑이처럼 갈색 줄무늬가 있는데 뚜렷하지는 않다. 수컷은 번식 능력이 없지만 암컷은 번식이 가능할 수도 있다.

타이곤(tigon)은 숫호랑이와 암사자 사이에서 태어난 잡종을 말한다. 타이곤은 덩치가 사자보다 약간 작고, 털빛과 줄무늬가 일정치 않다. 타이곤도 수컷 라이거와 마찬가지로 생식 능력이 없다.

에는 생명 현상을 나타내지 않기에 생물과 무생물의 경계에 있다고 간주된다. 바이러스가 생명인지 아닌지에 대해서는 논란이 있지만 이들이 생명이라면 모든 생명 중 가장 작은 생명체이다. 이들은 세포에 침투하여 숙주 세포의 DNA에 자신의 DNA를 은근슬쩍 끼워 넣는다. 아무것도 모르는 숙주 세포는 그 DNA를 가지고 단백질을 만들어 내는데 이 과정에서 바이러스도 만들어진다. 그러니까 어떤 로봇이 남의 공장에 들어온 후 설계도를 조작하여 공장에 있는 시설로 자기와 같은 로봇들을 마구 생산하는 것과 같다.

광견병, 에이즈, 독감 'flu' 또는 'influenza', 뎅기열 등이 바이러스에 의해 일어난다. 2003년에 세계를 두려움에 떨게 만들었던 SARS severe acute repiratory syndrome, 중증 급성 호흡기 증후군 와 2009년 우리나라에서 여러 사망자를 낸 신종 플루 모두 신종 바이러스에 의한 것이었다. 조류 인플루엔자가 발견되면 수많은 닭과 오리가 살처분되고 치킨 소비가 감소한다. 조류 인플루엔자 바이러스가 사람에게 전이되면 그 결과가 참담할 수 있기 때문이다.

바이러스는 변이가 쉽게 일어나고 변화를 되돌리는 장치가 없기 때문에 진화의 속도 또한 아주 빠르다. 에이즈를 일으키는 HIV 바이러스는 보통 몇 개월 만에 약에 대한 내성이 생긴다. 박테리아도 빠르게 진화하기 때문에 겨우 20년이라는 짧은 시간 동안에도 진화를 관찰할 수 있다. 2009년도 『네이처』지에 실린 논문에서는 20년간 대장균을 4만 세대 동안 키워서 원래의 대장균과 얼마나 달라졌는지 알아보았다. 그 결과 4만 세대 동안 유전 변이가 꾸준하게 일어나 생존에 이득이 되는 성질이 강해지는 것이 관찰되었다.

인간 사고와 문학에 진화론이 미친 영향

새로운 과학 학문이 태어나면 과학의 패러다임뿐만 아니라 사람들의 사고방식까지 변하는 경우가 많다. 행성 궤도가 원이 아닌 타원이고, 지구가 우주의 중심이 아니라는 사실을 알았을 때 사람들은 자신의 삶의 터전이 그다지 특별하지 않다는 것을 인정해야만 했다. 아인슈타인의 상대성이론은 모든 관성계가 동등하다는 내용을 통해 절대성에 대한 회의감을 심어 주었다. 양자역학은 세상의 모든 것이 불확실하다는 모호성을 알려주었고, 우리의 상식과 직관이 과학 세계에서는 오히려 방해가 된다는 점을 뼈저리게 보여 주었다. 우리가 믿을 것은 수학과 자연 그 자체일 뿐이다.

게놈 프로젝트가 완성되어 나갈 무렵에는 사람의 유전자가 겨우 2만 5,000여 개라는 사실이 밝혀졌고 웬만한 잡초보다 적은 이 유전자 수는 인간이라는 종의 특별성에 반론을 제기했다. 게다가 전체 유전자의 99%는 다른 생물체에서도 찾아볼 수 있는 것이며 침팬지와의 유전자 서열 차이는 2% 정도이다.

진화론 또한 마찬가지이다. 찰스 다윈은 진화론이 어떤 사회적 영향을 가지고 올지 어느 정도 예측할 수 있었다. 세대를 거슬러 올라가 보면 사람과 원숭이가 공통 조상을 가졌다는 진화론적 패러다임은 6번째 날에 인간을 창조했다는 성경의 내용과 정면으로 상충할 뿐더러 인간의 존엄성을 훼손하는 것처럼 보였다. 실제로 다윈은 진화 이론을 만드는 것이 "살인을 자백하는 것과 같다."고 편지에 적었다. 1859년에 『종의 기원』을 출판하기 전까지 다윈은 그런 걱정을 했고 실제로 책이 출판되고 나서 자신의 예측대로 거센 반발에 부딪혀야만 했다.

뿐만 아니라 우생학eugenics이라는 이상한 학문이 생겨났다. 우생학은 진화론에 기반하여 인종 간에 우열 관계가 있다는 주장을 폈다. 우생학적인 사고는 나치의 유대인 탄압과 미국의 흑인 노예 제도를 정당화하는 사상의 기반이었다. 정작 우생학은 과학적으로 옳지도 않을뿐더러 다윈 본인도 노예 제도를 극명하게 반대했다. 다윈이 비글호를 타고 남아메리카에 도착했을 때 백인이 흑인을 노예로 부리는 모습을 보고 격분하여 비글호 선장과 그 문제로 논쟁을 벌인 적이 있다.

종의 기원이 출간된 지 150년이 지난 지금의 진화론은 생물학의 커다란 기둥으로 자리 잡았다. 병원균의 변이에서부터 인간의 본성에 대한 탐구까지 진화론은 생물학에서 큰 그림을 보며 연구의 방향과 길을 잡아 주는 역할을 한다. 종교와의 갈등도 예전에 비해 나아진 듯 보인다. 특히 가톨릭은 진화론을 점차 인정하는 분위기이다. 문제가 되었던 창조론 부정에 있어서 지안 프랑코 라바시 카톨릭 대주교는 "생물학적 진화와 창조론은 양립 가능하다."고 말했다. 진화론적 메커니즘에 의한 생명의 탄생과 종 분화 역시 신의 뜻이라는 맥락이다. 신이 직접 무엇을 하기보다 자연을 통해 자신의 뜻을 이룬다면 진화 역시 신의 뜻에 부합하는 자연스러운 과학 현상일 수 있다. 첫째 날에 빛을 창조하고 여섯째 날에 인간을 창조했다는 구절 역시 엄격하게 문자주의적으로 보는 것이 아니라 하나의 비유로 받아들일 수 있다. 교황 비오 12세는 1950년에 진화론이 인간 발전에 유효한 과학적 접근이라고 말했다. 요한 바오로 2세 역시 1997년에 새로운 지식은 진화론을 단순한 가설 이상으로 인정하도록 하며 가톨릭 교의에 어긋나지 않는다고 밝힌 바 있다.

한편 진화론은 문학을 창작하는 사람들의 사상에도 영향을 미쳤고 작가들은 진화론적 사고가 가미된 글을 쓰기 시작했다. 『무정』과 『단종 애사』로 알려진 이광수의 경우 일본 유학 시절 진화론을 접한 후부터 진화론을 숭배하기 시작했다. 그는 와세다 대학교 유학 시절에 썼던 자서전에서 다음과 같이 밝히고 있다.

> 나는 다윈의 진화론이 마땅히 성경을 대신할 것이라고 생각하고 헤겔의 『알 수 없는 우주』라는 책을 읽을 때에는 비로소 진리에 접한 것처럼 기뻐하였다.
> "Struggle for life.(살려는 싸움.)"
> "Survival of the best.(잘난 자는 산다.)"
> 이러한 진화론의 문귀를 염불 모양으로 외우고 술이나 취하면 목청껏 외쳤다.
> 이렇게 되매 내 도덕관념은 근거로부터 흔들렸다. 착하신 하나님이 계셔서 세계를 다스린다는 믿음 위에 섰던 도덕은 여지없

• 그렇지만 요한 바오로 2세는 육체는 진화하지만 영혼은 신에 의해 창조된다고 강조하였다.

이 무너지고 말았다. 선이 어디 있느냐, 악은 어디 있느냐.
"Might is Right!(힘이 옳음이다.)"
마키아벨리, 트라추케의 정치론이 마음에 푹푹 들어갔다.
"힘이 옳음이다. 힘 센 자만 살 권리가 있다. 힘센 자의 하는 일
은 다 옳다!"
이러한 도덕 직관을 가지게 되었다.

진화론에 사로잡힌 이광수는 자신의 소설에서도 이러한 사상을
표현했다. 대표작인『무정』에는 "그의 사랑은 아직 진화進化를 지니지 못
한 원시적原始的 사랑이었다."라는 표현이 등장한다. 계몽성을 상징하는
주인공 형식이 유학을 떠나 전공하려는 학문도 생물학이다. 이광수의 문
제작『민족 개조론』역시 이러한 사고에 기반한 것으로 보인다. 조선은
여러 면에서 열등하기 때문에 마치 일본에 복속되어야 한다는 뉘앙스를
풍기는 그 글은 '약한 자가 강한 자에게 복속되어야 한다.'는 그의 잘못
된 진화론적 인식을 담고 있다. 올더스 헉슬리Aldous Huxley의『멋진 신세
계』에서도 우생학적 냄새가 물씬 풍긴다. 그 소설에서는 유전 조작에 의
해 개인의 계급이 결정된다. 올더스 헉슬리의 할아버지는 진화론자인 토
머스 헉슬리Thomas Huxley였다.

진화는 재미있는 아이디어를 제공하기도 한다. 현대 인간 사회
의 경우 사람이 태어나면 매우 높은 확률로 번식이 가능한 나이까지 생

• 이광수 지음,『사랑, 그의 자서전』, 우신사, 1979

존할 수 있다. 개발도상국을 제외하면 우리를 잡아먹는 맹수를 마주칠 일도 없고, 식량은 풍부하며, 병에 걸리면 발달된 의료 서비스를 받는다. 또한 일부일처제를 법으로 정해 놓은 국가도 많아 결혼을 못하는 사람의 수도 줄어들었다.

과거에는 남성 권력자가 여성을 독식해 많은 남성이 결혼을 하지 못한 채 생을 마감했다. 달리 보면 현대 사회에서는 자연 선택이 거의 일어나지 않는다. 이런 환경에서는 어떤 성질을 가진 유전자가 확산될 수 있을까? 답은 무조건 자식을 많이 낳는 성질이다. 과거에는 자식을 많이 낳으면 다 기를 수 없기 때문에 그런 성질은 생존에 불리했다. 그렇지만 현대에는 자식을 많이 낳아도 다 기를 수 있기 때문에 이런 유전자는 급속도로 퍼질 수 있다.

자연 선택이 부재不在하면 아이를 많이 낳는 성질이 확산된다는 아이디어를 차용한 영화가 〈이디오크러시Idiocracy〉**이다. 2006년 개봉한 마이크 저지Mike Judge 감독의 코믹 영화에는 미 육군 도서관 사서로 일하던 조 바우어가 등장하는데 그는 모든 면에서 평범했다. 군에서는 젊은 군인들을 동면시켜 필요할 때 다시 깨우는 프로젝트를 진행하고 있었다. 그는 리타라는 여성과 함께 1년 동안 동면하는 실험에 참여했다. 둘은 1년 후에 깨어날 예정이었지만 실험 책임자가 구속되는 바람에 모두에게서 잊혀지고 말았다.

그사이 인류는 빠른 변화의 과정을 겪었다. 지능이 높은 인간들

** 바보를 뜻하는 'idiot'과 통치 체계를 뜻하는 '-cracy'가 합쳐진 말이다.

은 아이를 낳는 데 신중하여 아이를 별로 낳지 않았다. 반면 지능이 낮은 인간들은 생각 없이 아이를 낳다 보니 500년 후 인류의 지능은 매우 낮아져 있었다. 쓰레기 산의 붕괴로 동면 장치가 망가져 잠에서 깨어난 바우어는 우여곡절 끝에 리타를 찾아낸다. 주민 등록을 위해 IQ를 측정하자 바우어는 전 세계 사람들 중에 가장 높은 IQ를 가진 것으로 드러난다. 그는 곧바로 내무부장관에 임명되었고 사회가 처한 문제를 해결하기로 하면서 이야기가 전개된다.

　　요즘은 진화론을 통해 감정과 행동을 설명하는 진화심리학evolutionary psychology이 화두로 떠오르고 있다. 남성은 왜 잘록한 허리를 가진 여성을 좋아하는지, 왜 사람들은 거짓 웃음을 짓는지, 왜 남자는 성공에, 여자는 외모에 집착하는지 등에 대해 유전자와 생존의 역사를 가지고 설명하는 학문이다. 인간 또한 따지고 보면 야생의 짐승들과 본질적으로 다를 바가 없다는 쓸쓸한 생각이 들게끔 하지만 때로는 오만 가지 인간 행동을 명쾌하게 설명한다.

　　프로이트의 정신분석학으로 문학 작품을 분석했던 것처럼 진화심리학 또한 문학 속 인물들의 심리에 대한 훌륭한 분석틀이 될 수 있다. 예컨대 김동인의 단편 『발가락이 닮았다』에 나오는 주인공의 심리는 진화심리학에서 말하는 친부의 고민에 해당하는 전형적인 사례이다. 소설에 등장하는 M은 젊은 시절에 앓았던 매독 때문에 생식 기능이 제대로 작동하지 않는다. 그는 그런 사실을 숨기고 아내와 결혼했는데 어느 날 아내가 임신을 하였다. 아내의 배 속에 있는 아이는 M의 아이일 리가 없었다. 그럼에도 불구하고 M은 갓난아이를 살펴보고는 자신과 "발가락이 닮았다."라고 중얼거린다.

　　여자는 누가 자신의 아기인지 고민할 필요가 없다. 자신의 배 속에서 나온 아기가 자신의 아기이기 때문이다. 반면 남자는 친자 여부에 대해 고민해야 한다. 아기가 '나의 친부는 누구입니다.'라는 표식을 달고 나오지 않기 때문이다. 이런 고민은 'Mother's baby, father's maybe.'라는 표현으로 요약된다. 현대에서는 DNA 분석 덕분에 그런 의심이 완전히 해결될 수 있지만 일부일처제가 엄격하지 않았던 과거 시대에는 그렇지 못했다. 확신하고 싶은 아버지는 자신의 자식이라고 생각되는 특징을 찾아내야만 했다. DNA 검사를 할 수 없는 상황에서 가장 믿을 만한 정보는 얼마나 닮았는가이다. 자신과 닮았다면 자신의 아이라고 확신하고는 아이에게 잘해 줄 것이다.

　　실제로 실험 참여자들에게 여러 아기 사진을 보여 준 후 어느 아이에게 가장 도움을 주고 싶냐는 질문을 던지면 자신의 얼굴을 합성한 사진의 아기에게 양육비를 주고 싶다고 답한다. 다른 연구에 따르면 자신과 아이가 닮았다고 생각하는 아버지일수록 자식에게 따뜻하고 가정적이다. 한편 자식이 자신과 닮지 않았다고 생각한 아버지는 아내를 학대하는 경향이 강했다. 이를 통해 M이 왜 그렇게 아내를 폭행하고 아이와 닮은 점을 찾으려 했는지 추론할 수 있다.

　　이야기의 소재 제공에서부터 백신 개발, 잘못된 이해에 의한 인종 차별 역사까지 진화는 생각보다 많은 분야에서 우리에게 영향을 미치고 있다. 또 이타성과 언어처럼 생명과학의 특징을 넘어서는 것들도 설명하기 시작했다. 진화는 생물을 바라보는 큰 그림이며 인간성, 인문학과도 직접적인 연관을 갖는 특수한 분야이다. 특히 진화심리학은 앞으로 기업의 마케팅 전략과 정당의 이미지 쇄신 등 인간 심리와 관련된 분야에서 핵심 도구로 사용될 가능성이 높다. 진화는 우리 눈앞에서 일어나고 있으며 생물이 아닌 분야에서도 일어난다.

문학적으로
생각하고
과학적으로
상상하라

사랑은 감정일까, 과학일까?

귀스타브 플로베르의
『마담 보바리』

사랑은 눈으로 보지 않고 마음으로 보는 것이다.

_셰익스피어

더 많이 사랑하는 것 외에 사랑의 다른 치료법은 없다.

_헨리 데이비드 소로

남자가 여자에게 끌리는 이유는 상대가 인간이기 때문이 아
니라 여자이기 때문이다. 여자가 인간이라는 사실은 남자의
관심 밖이다. 단지 여자라는 성별만이 남자가 느끼는 욕구
의 대상이다.

_임마누엘 칸트(칸트의 수업을 들은 학생의 기록에서)

사랑의 아픔

사랑만큼 문학과 예술에서 많이 다루는 주제도 없다. 그만큼 사랑이 우리 감정과 직접적으로 연관되어 있기 때문이다. 사랑이란 말은 상당히 포괄적이다. 남녀 간의 불타는 감정만이 아니라, 어머니가 자식을 위하는 마음이나 나라를 위해 목숨을 바치려는 마음도 충분히 사랑이 될 수 있다. 종교에 대한 뜨거운 마음 역시 사랑의 일종이다.

　　여러 가지 사랑이 문학 작품의 주제가 되지만 남녀 간의 에로스적 사랑이야말로 고대부터 문학과 노래의 중심 소재였다. 사랑을 얻은 자에게서는 행복의 노래가 흘러나오고 사랑을 잃은 자는 비통에 휩싸였다. 사랑의 감정은 지위와 시간을 초월한 것이어서 일국의 왕조차 여기서 비켜나지 못했다. 다음은 유리왕의 「황조가黃鳥歌」이다.

翩翩黃鳥(편편황조)	펄펄 나는 저 꾀꼬리
雌雄相依(자웅상의)	암수 서로 정답구나.
念我之獨(염아지독)	외로워라, 이 내 몸은
誰其與歸(수기여귀)	뉘와 함께 돌아갈고.

유리왕은 고구려의 제2대 왕으로 시조 주몽의 맏아들이었다. 왕비가 죽어 화희와 치희, 두 사람을 계비로 맞았는데 두 사람은 서로 친하게 지내지 못했다. 왕이 사냥을 나간 사이 둘은 다퉜고 분노한 치희는 자기 나라로 돌아가 버렸다. 유리왕이 치희의 마음을 돌이키려 쫓아갔지만 그녀는 결국 돌아오지 않았다. 고구려로 돌아오는 길에 왕은 꾀꼬리(황조)들이 즐겁게 노는 광경을 보았다. 한낱 새들도 사랑을 나누는데 그것을 지켜보는 왕의 마음은 얼마나 서글펐을까?

헨리 밀러 Henry Miller는 여자를 잊는 가장 좋은 방법은 그녀를 문학으로 승화시키는 것이라 말했다. 문학은 실제로 실연에 대한 좋은 치료제일지도 모른다. 텍사스 주립대의 제임스 페네베이커 James Pennebaker 박사 팀은 한 그룹의 실험 참가자들에게 매일 15분 동안 외상적 경험에 대한 느낌을 쓰도록 했고, 다른 그룹에게는 일상적인 글을 쓰도록 했다.

수개월 후 외상에 대한 글을 쓰도록 한 그룹은 병원을 찾는 횟수

• 황조가의 해석에는 단순히 서정시로 봐야 한다는 시각과 역사를 다룬 서사시라는 관점이 있다. 서사시의 관점에 따르면, 화희와 치희는 부여족과 한족을 나타내는 인물이며 이 시는 유리왕이 민족 통합에 실패한 역사를 나타낸 것으로 볼 수 있다.

가 현저히 줄어들었다. 뿐만 아니라 B형 간염 항체의 수준도 더 높았다. 과거의 상처에 대해 글을 쓰는 것이 그 아픔을 치유하는 데 도움을 준 것이다. 실패한 사랑을 과거의 아픔이라고 본다면 그것에 관한 문학 작품을 만드는 것은 치료에 도움이 될 수 있다.

실제로 많은 사람들이 실패한 사랑에 대한 글을 쓴다. 남녀 간의 사랑이 존재하는 한 앞으로도 실패한 사랑에 대한 소설은 끊이지 않고 쓰일 것이다.

실패한 사랑에 대해 이야기할 때 『젊은 베르테르의 슬픔』을 빼놓을 수 없다. 요한 괴테Johann Goethe를 스타 작가로 올려놓은 이 작품은 수많은 젊은이를 모방 심리에 의한 자살로 내몰기도 했다. 이 작품은 주인공 베르테르가 친구 빌헬름에게 쓰는 편지 형식으로 된 서간체 소설이다. 청년 베르테르는 자연 속에서 우울증을 치료하기 위해 조용한 산간 마을로 향한다. 여기서 로테라는 쾌활한 여인을 만나 사랑에 빠진다. 그렇지만 로테에게는 알베르트라는 약혼자가 있었다. 로테는 알베르트를 사랑하지만 동시에 순수한 매력을 지닌 베르테르와도 친해진다.

빌헬름! 사랑이 없다면 세상은 우리에게 무엇이겠는가? 불 없는 마법 램프가 아니겠는가? 그 안에 불을 붙여야만 하얀 벽에 밝은 영상이 빛나겠지. 만약 사랑이 순간의 그림자만 보여 준다 해도 우리는 어린아이들처럼 즐겁게 그것들을 바라보고 환상적인 환영에 가득 찰 것이다.

베르테르의 사랑은 날로 깊어지지만 로테에게 약혼자가 있다는 사실에 가슴앓이를 한다. 로테는 베르테르에게 책과 자신의 리본을 생일 선물로 주었다. 베르테르는 여기에 설레지만 곧 현실을 깨닫고는 여행을 떠난다. 그사이 로테와 알베르트는 결혼을 했다. 돌아온 베르테르에게 로테는 차갑게 굴지만 다시 예전의 관계를 회복한다. 그렇지만 로베르트는 자신의 아내가 다른 남자와 친하게 지내는 것이 싫어 로테에게 베르테르와 만나는 것을 자제하라고 한다. 로테가 너무 자주 만나지는 말자고 하자 베르테르는 극심한 비애에 휩싸인다.

> 내 마음은 이제 죽어 버렸다. 어떠한 감각도 내 마음을 되살릴 수 없을 만큼. 부드러운 눈물로도 생기를 되찾을 수 없는 나의 감각은 시들어 가고 내 두뇌를 먹어 간다.

결국 베르테르는 로테에게 편지를 남긴 후 그녀를 처음 만났을 때의 복장을 하고서 권총으로 자살한다. 아이러니컬하게도 그 권총은 베르테르가 알베르트에게 빌린 것이었다.

이 소설은 선풍적인 인기를 끌었고 사랑에 실패한 젊은이들로 하여금 베르테르처럼 푸른색 재킷에 노란 조끼를 입은 채 권총으로 자살하도록 이끌었다. 자살자 중에는 제대로 된 사랑을 하는 사람도 있었다. 이 작품은 깊은 기억 속에 있던 사랑의 아픔을 끄집어내고 독자로 하여금 베르테르와 자신을 동일시하도록 만들었다. 베르테르 열병 Werther Fever이라 불린 이 현상은 진짜 열병처럼 사람들을 힘겹게 만들었다.

이 작품의 저자인 요한 괴테는 사랑에 실패했을 때 베르테르처럼 자살하지 않았다. 그는 결혼을 했고 84세까지 살았다. 그렇지만 그에게는 여성에 대한 집착이 있었던 듯하다. 괴테가 73세일 때 그는 19세의 소녀를 사랑했다. 그의 아내도 이미 죽고 난 이후였다. 소녀의 이름은 울리케였고 괴테에 비해 54살이 어렸다. 괴테는 여름이면 마리엔바트라는 온천에 들렀는데 울리케는 그곳 여관 주인의 딸이었다.

처음에는 자신의 책을 선물하고 자신이 유명한 작가라는 사실로 그녀에게 어필했다. 그다음 해에는 꽃다발을 유리 액자에 넣어 선물하기도 했지만 그 누구도 둘의 사이를 의심하지 않았다. 손녀와 할아버지뻘 나이였기 때문이다. 세 번째 여름이 되었을 때 괴테는 울리케에게 청혼하기로 마음먹었다. 그렇지만 나이와 신분을 생각하여 자신의 친구인 아우구스트 대공에게 울리케의 어머니를 설득하도록 부탁했다.

울리케는 커다란 충격에 빠졌고 고심 끝에 제안을 거절했다. 괴테는 끝까지 포기하지 않았지만 결국 울리케는 괴테에게 작별의 키스를 했다. 괴테는 베르테르처럼 비통에 빠졌지만 자살하지 않고 오히려 그 슬픔을 「마리엔바트의 비가」라는 작품으로 승화시켰다.

혹여나 이 글을 읽는 당신이 사랑에 대한 실패 때문에 스스로를 베르테르라 여기고 자살 충동을 느낀다면 그것은 매우 어리석은 행위라는 것을 알려 주고 싶다. 우선 글을 쓴 요한 괴테는 아주 오랫동안 살았고, 사랑에 실패하고 나서도 자살은 꿈도 꾸지 않았다. 베르테르의 자살은 극적인 결말을 위한 소설적 장치이며 현실 세계에서 일어날 경우 그

울리케 폰 레베초프(Ulrike von Levetzow)의 초상.

괴테의 초상. 괴테는 세계적인 문호이지만 지질학·광물학에 조예가 깊었고
비교해부학에서도 뛰어난 성과를 거두었던 자연과학자이기도 했다.

다지 멋있지도 않다.

사랑의 기쁨

우리가 단 음식을 찾는 것은 인류의 역사를 돌이켜 봤을 때 지극히 합리적인 행동이다. 이런 음식에는 많은 열량이 있기 때문에 단것을 좋아해 찾아 먹는 사람은 그만큼 생존에 유리했다. 우리가 기름진 음식을 좋아하는 이유, 다이어트 직후 요요 현상이 생기는 이유, 상한 음식 냄새를 역겨워하는 이유 모두 에너지와 생존 차원에서 설명이 가능하다. 과거 인류에게 영양분은 현대 자본주의 사회의 화폐만큼 가치가 있었기 때문이다.

바깥에는 차가운 눈보라가 몰아치고 맹수들이 우글거리는 환경에서 기름진 음식을 갈망하는 개체는 그 욕망으로 인해 사냥을 나가 살찐 동물을 잡아 왔다. 그런 성질을 가진 자들은 거친 환경에서 살아남았고 그러한 성질을 가진 후손을 퍼뜨렸다. 진화는 우리에게 직접적인 명령을 내리지 않는다. 뇌에게 욕망을 부여해 자신의 명령을 하달할 뿐이다.

쾌快와 불쾌不快는 인간 행동의 중요한 동기이다. 진화가 준 선물이라고까지 표현되는 쾌락은 뇌에서 분비되는 호르몬을 통해 실현된다. 도파민dopamine과 세로토닌serotonin은 대표적인 행복 호르몬이다. 이런 호르몬이 분비될 때 우리는 행복감을 느낀다. 단것을 먹거나 사랑하는 사람과 함께 있을 때 행복한 이유는 이런 호르몬이 분비되기 때문이다.

오랜 시간 달리거나 격렬한 운동을 오랫동안 하면 러너스 하이Runner's high라고 불리는 황홀함을 느낄 수 있는데 이 역시 엔도르핀endorphin과 엔케팔린enkephalin, 엔도르핀과 비슷한 물질이라는 신경전달물질이 분비되기 때문이다. 내분비되는endogenous 모르핀morphine이라는 이름의 엔도르핀은 실제로 모르핀과 화학적으로 유사하다. 모르핀은 마약인 아편의 주성분이다. 강한 운동을 하고 나면 그날은 괜찮지만 다음 날 근육통을 느끼는 경우가 많다. 엔도르핀과 엔케팔린이 다음 날까지 분비되지는 않기 때문이다.

이러한 기작이 진화할 수 있었던 이유는 맹수로부터 도망치거나 사냥할 때 고통에 무감각한 채로 더 오래도록 달렸던 개체들이 살아남았기 때문인 것으로 보인다. 누군가에게 쫓기는 위급한 상황에서 근육 파열이나 에너지 소비는 별로 중요한 문제가 아니다. 이런 상황에서 내릴 수 있는 최선의 선택은 고통을 그냥 잊는 것이고 뇌는 그 요구에 부응하여 마약성 물질을 내놓는 진화의 역사를 밟아 왔다.

종족을 번식시키는 행위는 커다란 위험 부담을 떠안긴다. 개체 입장에서 보았을 때 번식 행위, 임신, 자녀 보호는 자신에게 돌아갈 노력과 에너지를 타인에게 투자하는 것이다. 특히 여성은 임신 기간 동안 음식 소비도 늘어나고 행동 제약이 많아지기 때문에 생존 확률이 급격히 떨어진다. 그럼에도 불구하고 우리가 사랑을 하고 아이를 낳고 기쁜 마음으로 키우는 이유는 그것이 즐겁기 때문이다. 즉 우리의 뇌가 그렇게

강렬한 운동을 하면 엔도르핀이 분비되어 고통을 잊는 데 도움을 준다.

행동할 때 즐거움을 느끼도록 진화적으로 설계되었다고 볼 수 있다. 즐거움이라는 인센티브는 개체 생존의 불리함을 딛고 진화론적 행동 원리를 충실히 따르도록 하는 절대적인 명령이다. 즐거움의 위력은 공자孔子의 사상에도 등장한다. 공자의 『논어論語』에는 '아는 사람은 좋아하는 사람만 못하고, 좋아하는 사람은 즐기는 사람만 못하다.知之者. 不如好知之, 好之者, 不汝樂之者'는 구절이 있다.

많은 사람이 사랑을 추구하는 이유는 그것을 갖는 것이 아주 행복하기 때문이다. 사랑하는 사람을 떠올리는 뇌의 fMRI 영상을 보면 뇌 깊숙한 곳에 도파민을 만드는 세포가 활성화되는 모습이 보인다. 사랑을 하면 기분이 좋아진다는 직접적인 증거이다. 오죽하면 좋다는 뜻의 한자 好(호)는 남자와 여자가 같이 있는 형상이겠는가? 카렌 선드Karen Sunde 또한 사랑을 하는 것은 천국을 살짝 엿보는 것To love is to receive a glimpse of heaven.이라고 표현했다. 황지우 시인의 「너를 기다리는 동안」에는 사랑하는 사람에 대한 설렘과 환희가 드러난다.

> 네가 오기로 한 그 자리에
> 내가 미리 가 너를 기다리는 동안
> 다가오는 모든 발자국은
> 내 가슴에 쿵쿵거린다
> 바스락거리는 나뭇잎 하나도 다 내게 온다
> 기다려 본 적이 있는 사람은 안다
> 세상에서 기다리는 일처럼 가슴 애리는 일 있을까
> (중략)
> 너를 기다리는 동안 나는 너에게 가고 있다.

사랑하는 사람과 만날 약속을 잡으면 그날이 올 때까지 행복한 나날을 보낼 수 있다. 약속 장소에는 당연히 미리 가 있다. 주위에 어떤 것들이 있는지 알아보고 동선을 짜기 위해 약속 며칠 전에 그곳에 미리 가 보았을 수도 있다. 어디서 커피를 마시고, 식사를 할지 미리 정해 놓으면서 황홀함에 빠진 경험이 있을 것이다. 그런 설렘 때문에 화자는 물리적으로는 그 자리에 가만히 있지만 상대방에게 다가간다는 역설적인 표현을 사용했다.

반면 베르테르처럼 사랑을 잃는 것은 어떤 기분일까? 아마 지옥의 폭풍을 살짝 맞는 기분이지 않을까? 사랑을 얻는 것은 기쁨이고 잃는 것은 슬픔이다. 바로 이런 이유 때문에 인간에게는 사랑에 대한 욕구가 있다. 수많은 시와 노래에서 사랑을 숭고한 그 무엇이라고 표현하지만 사랑의 궁극적인 목표는, 설령 사랑을 할 때에는 그것을 인지하고 있지 못하더라도, 종족의 번식이다. 사랑은 종족 번성을 위한 진화론적인 부산물byproduct이라고 볼 수 있다.

사랑의 기쁨이 늘 도움이 되는 것만은 아니다. 일부일처제mono-gamy 사회에서 사랑을 통해 느끼는 즐거움은 외도를 향한 욕망으로 변질되기도 한다. 배우자를 향한 사랑은 식어 가고 눈앞에 새로운 사람이 나타나면 바람을 피우고 싶다는 욕망을 느낄 수도 있다. 어느 배우자라도 자신의 아내, 또는 남편이 다른 사람과 바람피우기를 원하지 않는다. 그렇기 때문에 배우자에 대한 충절을 높은 가치로 드높이는 경우가 많다. 우리나라의 전통 사회도 그 대표적인 예이다.

한편 자신이 사랑하는 사람이 다른 사람과 사랑을 나누는 것은 참기 어려운 고통이다. 질투는 사람을 불안하게 만들고 때로는 마음을 흔들어서 살인까지 일으키게 하는 무서운 마법이다. 질투는 자신의 배우자가 다른 이성과 친해지는 것을 막기 때문에 그 진화론적 메커니즘은 꽤 명확하다. 가끔은 셰익스피어의 『오델로Othelllo』처럼 처참한 결과를 빛기도 하지만.

사랑의 성질

사랑에 대한 열망이 클수록 그것을 잃었을 때의 아픔도 크다. 로테에 대한 사랑이 없었더라면 베르테르는 자살하지 않았을 것이다. 도대체 사랑이 무엇이기에 젊은 베르테르를 슬픔의 늪에 빠뜨렸단 말인가? 사랑은 매우 넓은 범위의 단어이다. 슈바이처가 환자들에게 보인 사랑과 베르테르가 로테에게 보인 사랑은 엄밀하게 같은 개념은 아니다. 베르테르가 느낀 감정처럼 남녀 간의 육체적이고 정열적인 사랑은 에로스Eros적 사랑이라고 불린다.

반면 아가페Agape는 무조건적이고 자기희생적인 사랑을 뜻한다. 신의 자애로운 사랑, 인간과 인간 사이의 자선 등이 아가페적 사랑이다. 봉사 활동을 하거나 빈민 구제를 하는 사람들이 아가페적 사랑을 실천하는 이들이다. 필리아philia˙는 사랑이나 우정을 뜻하는 그리스어이다. 필리아적 사랑은 친구 사이의 우정이나 친족 간의 애정을 뜻한다.

사랑은 감정의 일종이다. 과거 신경과학자들은 감정과 뇌의 관계에 대해 고민해 왔다. 크게 감정 때문에 뇌가 변한다는 이론과 뇌 때

• 'sophia'는 지혜라는 뜻의 그리스어인데, 지혜를 사랑한다는 뜻에서 철학(Philosophy = philo + sophia)이라는 단어가 생겼다.

문에 감정이 유발된다는 두 이론이 대립했었다. 우리가 길을 걷다가 커다란 거미를 보고 놀랄 때, 카논-바드 이론Cannon-Bard Theory에 따르면 뇌에서 공포 반응이 일어나고 그 반응 때문에 얼굴 근육이 움직이면서 놀란 표정을 짓고 땀이 난다고 한다. 반면 제임스-랑지 이론Jame-Lange Theory에 의하면 땀이 나고 얼굴 근육이 움직이기 때문에 뇌에서 공포를 인지한다.

현대의 신경과학적 분석 기법으로 보니 감정과 뇌의 관계는 '닭이 먼저냐, 달걀이 먼저냐' 문제°°와 같았다. 정확한 비유는 아니지만 심리학자 폴 맥클린Paul MacLean에 따르면 우리 뇌는 3층으로 구분된다. 가장 깊숙한 곳의 1층 뇌는 호흡이나 체온 조절을 담당하기에 생명 현상에 필수적인 뇌이며 흔히 파충류의 뇌라고 불린다. 2층 뇌는 감정과 관련된 변연계limbic system이다. 변연계는 시상thalamus, 해마hippocampus, 편도체amygdala 등의 여러 뇌 부위를 통틀어서 일컬으며 포유류의 뇌로 불린다.

한편 고차원적 사고와 인식은 뇌의 가장 바깥 부분인 신피질neocortex을 통해서 이뤄지는데 특히 영장류에게 발달해 있으므로 영장류의 뇌라고 불린다. 이렇게 뇌를 3가지 층위로 나눈 것을 뇌의 삼위일체설

°° 닭이 먼저일까? 달걀이 먼저일까? 닭이 달걀을 낳으니 닭이 먼저라고 생각할 수 있지만 달걀에서 닭이 태어나니까 달걀이 먼저라고 말할 수도 있다. 서로가 서로에게서 태어나니까 서로 대칭적이고 그 때문에 선후 관계를 따질 수 없다고 볼 수도 있지만 아리스토텔레스적 사고로는 달걀이 먼저이다. 달걀은 닭이 될 가능성을 가진 가능태이고, 닭은 그것이 실현된 현실태이다. 아리스토텔레스는 늘 가능태가 현실태보다 앞선다고 주장했다.

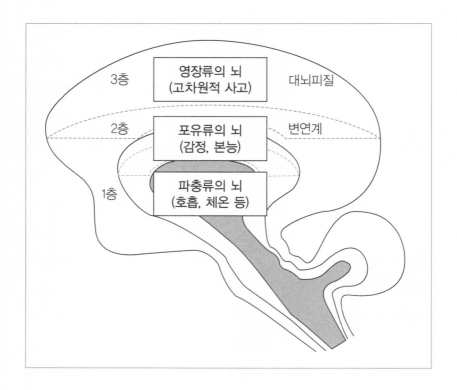

Trinity이라고 부른다.

감정은 2층 변연계에서 생겨나고 그것을 인식하고 해석하는 것
은 3층 신피질이다. 실제 뇌세포의 소통 양태를 살펴보면 신피질의 변
화가 변연계에 영향을 미치고, 변연계의 움직임도 신피질에 전달되는데
이는 곧 감정의 생성과 인식이 양방향적bidirectional이라는 뜻이다. 따라
서 놀란 것 같은 표정을 짓거나 일부러 웃어도 뇌는 실제 놀란 것, 또는
웃긴 것처럼 반응한다. 물론 실제로 뇌가 놀라도 우리는 놀란 표정을 짓
는다.

연애를 하고 싶은 사람이 생기면 같이 공포 영화를 보라는 말이 이 사실에 기반한다. 공포 영화를 보면 긴장이 되면서 심장이 빨리 뛴다. 사랑하는 사람과 같이 있을 때 느끼는 현상과 비슷하다. 당신과 함께 있는 사람의 뇌는 공포 영화 때문에 심장이 두근거리는지, 당신을 사랑하기 때문에 두근거리는지 제대로 판단하지 못하고 당신을 실제로 사랑한다는 착각에 빠질 수 있다.

결과를 제대로 해석하지 못해 원인을 잘못 판단하는 이러한 감정의 전이는 사랑이 반드시 엄격한 함수 관계에 의해 발생한다는 생각을 뒤집는다. 아름다운 미모의 여성이 별 볼일 없는 남자를 사랑하는 것처럼 사랑에는 외적 조건 외에도 수없이 많은 변수가 존재한다. 제우스가 헤라의 마음을 얻으려 할 때에도 이런 감정의 전이를 이용했다.

제우스는 헤라에게 사랑을 고백했지만 제우스의 바람기를 안 헤라는 제우스를 거절했다. 제우스는 포세이돈에게 비바람을 일으켜 달라고 하고는 다친 뻐꾸기로 변신해 헤라에게 다가갔다. 뻐꾸기를 가엾게 여긴 헤라가 뻐꾸기를 품에 안고 쓰다듬자 제우스는 본모습으로 돌아왔고 결국 헤라는 그의 사랑을 받아들였다. 헤라의 아가페적 사랑이 에로스적 사랑으로 전이한 것이다.

사람은 누구나 사랑을 한다. 그렇지만 사랑하는 대상이 반드시 한 사람으로 국한되지는 않는다. 남녀 간의 사랑 또한 마찬가지이다. 한 사람을 사랑하면서 다른 사람을 사랑할 수도 있고, 결혼을 한 상태에서도 누군가를 사랑할 수 있다. 그런 사랑 때문에 누군가는 이혼을 하고 배신감에 치를 떤다.

귀스타브 플로베르의 소설 『마담 보바리』에는 직접적으로 외설적인 표현이 등장하지는 않는다. 다만 플로베르의 뛰어난 비유와 묘사 때문에 선정성을 이유로 판매 금지를 당하기도 했다. 그렇지만 실제로 선정적인 표현이 나오지 않는다는 반론이 인정되어서 다시 판매될 수 있었다. 매우 자세한 묘사로 가득 찬 자연주의 기법의 이 소설은 인간의 본성과 욕망에 대한 소설이다.

급이 높지 않은 의사인 찰스 보바리의 아내 엠마 보바리, 즉 보바리 부인은 남편을 별로 사랑하지 않았다. 대신 로돌프와 레옹이라는 두 남자와 뜨거운 사랑을 나누었는데 찰스는 그 사실을 모른 채 자신의 아내가 매우 현명하고 좋은 사람이라고 생각한다. 엠마는 소녀처럼 순수한 마음에서 사랑에 빠졌다고 생각했지만 로돌프는 그렇지 않았다.

로돌프가 엠마를 처음으로 만난 건 찰스의 진찰실에서이다. 피가 뿜어져 나오는 환자 때문에 정신이 없었던 상황에서 찰스를 도와 침착하게 환자를 돌보는 엠마를 보고 그녀에게 매력을 느꼈다. 그렇지만 그것은 순수한 사랑이라고 할 수 없는 것이었다.

"아주 예쁜걸?" 하고 그는 스스로에게 말했다. "의사의 아내인 이 여자는 아주 예뻐. 가지런한 치아, 검은 눈, 앙증맞은 발까지 마치 파리지앵 같은 모습이야. 도대체 저런 여자가 어디서 온 거야? 어쩌다 저런 뚱뚱한 친구가 이 여자를 낚은 거지?"
로돌프 블랭제 씨는 서른네 살이었다. 그는 잔혹할 만큼 화를 내는 성질이 있었고 영리한 총기가 있기도 했다. 게다가 그는 여자들과 가깝게 지내서 여자를 잘 알았다. 그 여자는 예뻐 보였기에 로돌프는 그녀와 그 남편에 대해 생각하였다.

"그 남자는 아주 멍청한 것 같아. 생각할 필요도 없이 그녀는 그 남자에게 지쳐 있을 거야. 그 남자는 손톱도 더럽고 면도도 3일 동안 안 한 것 같아. 그 남자가 환자를 보러 서둘러 나가는 동안 그녀는 앉아서 양말을 깁겠지. 그러고는 지겨워할 거야. 시내에 나가 살고 매일 밤마다 폴카를 추고 싶을 거야. 불쌍한 여인! 도마 위의 잉어가 물을 갈구하듯 사랑을 갈구하며 입을 뻐끔거리고 있어. 관심을 갖고 세 단어만 말을 걸면 그녀는 사랑에 빠질 거야. 분명 그러겠지. 이 여자는 상냥하고 매력적이야. 그래, 근데 그다음에는 어떻게 떼어내 버리지?"

사실 로돌프의 모습을 보면 귀스타브 플로베르가 떠오른다. 그는 일생 동안 여러 여자와 교제했으며 난잡한 생활을 했다. 그는 사교계에도 자주 출입하여 마틸다 공주 같은 귀족들과도 각별한 친분을 쌓았다. 누구는 평생 바위처럼 한 사람만을 사랑하지만 누구는 로돌프나 플로베르처럼 끊임없이 바람을 피운다. 도대체 무엇 때문에 이런 차이가 발생할까?

가정에 충실한지 혹은 가정을 버린 채 난잡한 생활을 할지는 호르몬에 의해 좌지우지될 수 있다. 인간에 대한 연구는 윤리적 문제 때문에 잘 이뤄지지 못하지만 사랑에 대한 동물 실험 결과는 사랑의 본질에 대한 호기심을 자극하기에 충분하다.

옥시토신은 분만 시 자궁을 수축시키는 호르몬이며 젖을 분비하는 역할도 한다. 바소프레신ADH, '항이뇨호르몬'이라고도 불린다.은 신장에 영향을 주어 혈압과 체내 무기물 농도를 조절한다. 한 가지 호르몬이 반드시 한 가지 역할을 수행하는 것은 아니다. 어떤 세포를 자극하는지에 따라서 전혀 다른 기능을 수행하기도 하는데 바소프레신과 옥시토신은 바람기와 유대감에도 관련이 있다고 알려져 있다.

미국 북부에 사는 조그마한 쥐인 초원들쥐prairie vole, 학명: *Microtus ochrogaster*와 목초들쥐meadow vole, 학명: *Microtus monanus*는 사촌 관계이다. 유전적으로나 외모적으로나 거의 차이가 없다. 그렇지만 부부 관계는 아주 다른데 초원들쥐는 엄격한 일부일처제를 지킨다. 부부가 같은 둥지에 살고 수컷은 암컷을 적극적으로 보호하며 새끼를 오랫동안 같이 기른다. 반면 목초들쥐는 난잡한 관계를 추구하며 수컷은 육아에 관여하지 않고 암컷도 자식을 잠시 동안만 기를 뿐이다. 목초들쥐는 로돌프와 엠마 보바리 같은 존재이다. 두 종의 쥐는 유전적으로나 형태적으로 거의 모든 점이 유사했다. 다만 뇌에 있는 옥시토신과 바소프레신 수용체receptor의 차이가 극명했다. 수용체는 마치 센서처럼 물질을 감지하여 세포에 신호를 전달하므로 수용체가 많다면 그만큼 해당 물질에 영향을 많이 받는다.

바소프레신 억제제, 즉 바소프레신이 제대로 작동할 수 없게 만드는 물질을 수컷 초원들쥐에게 투여하자 아내에 대한 강한 유대감이 사라졌다. 반면 새로운 암컷과 있는 상태에서 바소프레신을 투여하자 그 암컷에게 유대감을 보였다. 바소프레신은 수컷 초원들쥐에게 상대에 대한 애정을 만드는 것으로 보인다.

뿐만 아니라 바이러스 조작에 의해 바소프레신 수용체가 원래에 비해 더 많이 생겨난 목초들쥐는 배우자와 유대감을 보였다. 즉 초원들 쥐처럼 가정적으로 변해서 새끼들과 더 잘 놀고 이들에게 헌신적이었다. 비슷한 실험에 의해 암컷에게는 옥시토신이 수컷과의 유대감을 형성하고 새끼를 돌보게 하는 것으로 나타났다.

인간에게서도 비슷한 성향이 나타난다. 남성호르몬인 테스토스테론은 남성으로 하여금 여자를 갈구하게 하고 경쟁자를 물리치도록 유도한다. 그렇지만 테스토스테론은 면역 기능을 떨어뜨리고 계속 여자를 쫓아다니게 만들기 때문에 자식 양육을 소홀히 하게 한다. 반면 테스토스테론 수치가 낮아지면 자녀와 배우자에게 헌신적으로 변한다. 즉 테스토스테론이 높은 남성은 바람피우기를 갈망하는 목초들쥐, 테스토스테론 수치가 낮은 남성은 헌신적인 초원들쥐와 비슷한 행동을 보인다. 따라서 진화적으로 유리한 전략은 배우자를 만나기 전까지는 테스토스테론 수치를 높게 유지하고 이후에는 낮게 유지하는 것이다. 실제로 사람들에게 이런 현상이 발견되었다.

아름다운 여성을 잠깐 보거나 대화하는 것만으로도 테스토스테론 수치가 증가한다. 그러다가 결혼을 하면 테스토스테론 수치가 떨어진다. 통계 조사에 따르면 기혼 남성의 테스토스테론 수치는 연애를 하지 않는 남성에 비해 15% 정도 낮다.

사랑이라는 함수

외부에서는 끊임없이 균이 들어오고 이들과 우리 몸의 방어 체계 사이에서는 매일같이 전쟁이 일어난다. 이런 위협에 대응하기 위해 우리 세포에는 주조직 적합성 복합체major histocompatibility complex, MHC라고 불리는 여러 '탐지기'가 구비되어 있다. MHC 분자 중에는 면역 세포가 무찌른 적이 어떤 특징을 가졌는지 알려 주는 것들이 있다. 그런 종류의 MHC는 면역 세포가 파괴한 물체의 일부를 외부에 제시하는 데 활용된다. 즉 다른 세포들에게 침입자에 대한 정보를 알려 주는 것이다.

효시梟示, 죄인의 목을 잘라 여러 사람에게 보이는 일.를 연상시키는 이런 행위는 인체가 적에게 대응할 면역 세포를 만들 수 있도록 도와준다. 따라서 MHC가 다양하면 다양할수록 더 많은 외부 물질을 구분할 수 있어 면역에 유리하다. 똑같은 칼만 100자루를 가진 사람보다 칼, 총, 창, 방패를 적절히 구비한 사람이 다양한 적을 물리칠 수 있는 원리이다. 서로 비슷한 MHC를 가진 사람끼리 결혼하는 것은 다양성 측면에서 유리하지 못하다. 전혀 다른 MHC 유전자를 가진 사람끼리 결혼하여 아이를 낳으면 그 아이는 다양한 '탐지기'를 가질 수 있기 때문에 더 많은 외부 물질을 방어해 낼 수 있다.

땀이나 소변에서는 MHC 단백질에 의한 냄새가 나고 동물은 그 냄새를 통해 상대방이 자신과 유전적으로 얼마나 비슷한지 인식할 수 있다고 한다. 쥐들은 공동육아를 하는데 이들은 소변의 MHC 냄새를 맡고 자신의 자식들을 구분해 내서 더 잘 보살핀다. 클라우스 베데킨트Claus

Wedekind 등의 과학자들이 수행한 흥미로운 실험이 있다. 연구 팀은 남자들이 이틀간 같은 티셔츠를 입게 한 후 여자들로 하여금 티셔츠의 땀 냄새만 맡고 어떤 사람이 가장 매력적인지 물었다. 그러자 자신과 다른 MHC를 가진 남성의 냄새가 더 좋다고 하였을 뿐만 아니라 자신의 현재 또는 과거의 연애 상대를 떠올리게 한다고 말했다. 유전자에 의한 냄새가 무의식적으로 사랑에 어느 정도 영향을 미치는 것이다. 상대방에게 한눈에 반해 버리는 운명적 사랑은 진짜 운명이 아니라 후각에 의한 무의식적 필연일지도 모른다.

쥐나 가시고기 같은 다른 종에서도 배우자 간의 MHC 차이가 임의로 고른 두 개체의 차이보다 더 컸다. 무의식적이든 의식적이든 동물들도 서로 다른 MHC를 가진 개체끼리 교미하는 것이다. 이런 이유에서 자연 상태에 있는 동물들의 면역 저항성은 인공 교배에 의해 태어난 개체들보다 더 크다. 인공 교배에서는 수컷과 암컷 사이의 MHC 차이를 신경 쓰지 않기 때문이다.

무의식적이고 눈에 보이지 않는 MHC 뿐만이 아니다. 인간이 명확히 인식할 수 있는 외적 조건 또한 사랑에 영향을 미친다. 여러 연구에서 드러나듯 여성의 외모와 남편의 소득 사이에는 명확한 상관관계가 있다. 캘리포니아 버클리 인간 발달 연구소의 조사에 따르면 청소년기 외모의 수준은 10년 뒤 남편의 직업적 지위와 강한 상관관계가 있었다. 여성의 출신 계급, 지능 같은 변수보다 더 뚜렷한 상관성이다. 심지어 인간은 자신의 처지가 더 나아지면 예전의 사랑을 버리는 끔찍한 선택을 하기도 한다.

계용묵의 소설 『백치 아다다』에는 말을 잘 못하는 아다다가 등장한다. 아다다는 아주 가난한 집의 아들과 결혼을 했는데 지참금으로 논 한 섬지기를 가지고 가서 시집 식구들의 사랑을 듬뿍 받았다. 그렇지만 시간이 5년쯤 흘러 경제 사정이 나아지자 아다다는 멸시를 받기 시작한다. 결국 남편은 그때까지 번 돈으로 새로운 여자를 들였고 아다다는 시집에서 쫓겨나고 만다.

친족 간의 사랑을 금지하는 심리적 직관도 존재하는 듯하다. 남매끼리는 서로 잘 챙겨 주는 우정을 보이지만 실제로 남녀 간의 사랑을 하지는 않는다. 가끔 그런 경우가 생기기도 하는데 대다수의 사람들은 도덕적이지 못하다거나 역겹다는 식의 반응을 보인다. 흔히 근친이라 불리는 친족 간의 결혼은 유전적으로 치명적인 결과를 가져올 수도 있다. 유전병이 발생할 확률이 높아지기 때문이다.

근교계수inbreeding coefficient라고 불리는 값은 어느 한 염색체와 그 짝 염색체(상동 염색체)가 같은 조상으로부터 유래했을 확률을 나타낸다. 쉽게 말해 근교계수가 높을수록 양쪽 염색체가 같은 것일 확률이 높으며 더 심한 근친 교배가 일어났다는 뜻이다. 인간에게 치명적인 병을 걸리게 만드는 유전자는 대개 진화의 과정에서 소멸하기 마련이다. 그렇지만 이들이 양쪽 염색체에 모두 있을 때에만 효과가 나타난다면 소멸이 잘 되지 않을 수도 있다. 이런 문제적 유전자를 한쪽 염색체에만 가진 개체는 별 문제없이 살아서 유전자를 다음 세대로 운반하기 때문이다.

근친 교배를 하면 평소에는 숨어 지내던 유전병 유전자들이 양쪽 염색체에 나타날 확률이 높아지므로 희귀 유전병에 걸릴 확률 또한 증가한다. 이런 이유 때문에 동물에게는 자신과 비슷한 유전 정보를 가진 이와 사랑을 하지 않으려는 본능이 발달한 것 같다.

우리는 완전한 자유 의지에 의해 사랑을 하는 것 같지만 실제로는 꽤 많은 부분이 진화적 유산에 의해 지배받는다. 우리가 사랑에 빠질 때 혹시 뇌 속에서는 우리도 모르게 사랑에 대한 함수가 마구 돌아가고 있는 건 아닐까?

사랑과 과학

사랑만큼 아름다운 게 세상에 또 있을까? 사랑의 아름다움은 수많은 창작자에게 뮤즈Muse가 되어 세상에 빛을 비추었다. 세상을 천국으로 만들어 주는 사랑은 때로는 너무 아름답기에 세상을 지옥으로 만들기도 한다. 어떤 작가들은 그 상처를 치료하기 위해 약 대신 소설을 쓰는지도 모른다. 실연에 의한 자살과 스토킹은 사랑에 따르는 부작용이기도 하다. 수많은 문학 작품의 원천이 된 이 신비한 감정은 분명 과학만으로는 이해할 수 없다.

진화론적 산물에 의해 사랑을 할 때 머릿속에서 함수가 돌아간다 하더라도 플라토닉하고 순수한 사랑을 위해 계산을 모두 버리고, 그 사람 자체를 사랑해 보는 건 어떨까? 상대방의 우월성과 재산과 외모를 따지는 건 인간의 본성일 수 있겠으나 그런 걸 버릴 때 비로소 진정한 사랑이 우리에게 찾아올지 모른다. 비 내리는 여름밤에는 사랑하는 사람을 떠올리며 시를 한 편 적어 보는 것도 좋을 듯하다. 그 시는 당신의 진심과 상대방을 연결해 주는 징검다리가 될 수도 있다.

문학적으로
생각하고
과학적으로
상상하라

마음의 병과
뇌과학의
상관관계

무라카미 하루키의 『상실의 시대』

우리(시인들),
그 기예를 가진 자들은
모두 미치광이이다.

_바이런

모든 장미에 가시가 있는 것처럼
모든 인생에는 슬픔이 있다.

_어니스트 헤밍웨이

예술은 슬픔과 고통으로부터 나온다.

_파블로 피카소

주체할 수 없는 슬픔과 우울증

무라카미 하루키는 일본을 비롯해 세계적으로 인기를 끌고 있는 소설가이다. 29세에 야구장에 갔다가 한 외국인 선수가 2루타를 치는 모습을 보고 소설을 쓰기로 결심한 하루키의 대표작은 1987년 출간된 『상실의 시대』이다. 원래 제목은 비틀즈의 노래 제목이기도 한 『노르웨이의 숲 Norwegian Wood』이었다. 우리나라에 처음 들어올 때의 제목 역시 『노르웨이의 숲』이었지만 이후 제목을 『상실의 시대』로 바꾸고 나서 훨씬 잘 팔렸다. 하루키는 이 새로운 제목을 별로 좋아하지 않았다고 전해지지만 나는 훨씬 더 마음에 들기 때문에 지극히 개인적인 이유로 본문에서는 『상실의 시대』라고 부르겠다.

• 제목이 바뀐 것은 우리나라뿐만이 아니다. 프랑스에서는 『불가능한 발라드』, 독일에서는 『나오코의 미소』라는 제목으로 출간되었다. 애당초 'Norwegian Wood'를 '노르웨이의 숲' 이라고 번역한 것도 올바르다고 보기 어렵다. 노래를 만든 비틀즈의 존 레논과 폴 매카트니

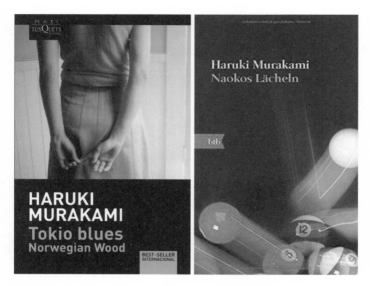

『상실의 시대』 프랑스어판(2007년, 왼쪽), 『상실의 시대』 독일어판(2003년, 오른쪽).

　　『상실의 시대』는 일본에서 1,000만 부가 팔리고 국내에서도 150만 부가 팔린 초대형 베스트셀러이다. 일부에서는 하루키에 대해 글이 가볍다, 노벨상을 받을 만한 작가는 아니라는 평이 있지만 충성심 높은 팬 층을 확보하였으며 책을 낼 때마다 높은 판매 부수를 기록했다. 노벨문학상 후보로도 자주 언급된다. 『상실의 시대』는 1960년대 후반과 1970년대 초반을 살았던 와타나베의 이야기이다.

　　고교 시절 와타나베와 그의 친구인 기즈키, 기즈키의 애인인 나

에 따르면 'Norwegian Wood'는 노르웨이산 목재로 만든 가구를 뜻한다. 하루키 역시 자신의 책에서 노르웨이의 숲이라는 제목이 오역인 것을 알았지만 그 제목도 나쁘지 않아 지적하지 않았다고 밝혔다.

오코는 셋이서 자주 어울렸는데 어느 날 기즈키는 스스로 목숨을 끊는다. 대학교에 진학해 우연히 다시 만난 나오코와 와타나베는 연애를 하게 되는데 나오코는 마음의 병을 얻어 멀리 떨어진 요양 시설에 들어가야 했다. 그사이 와타나베는 미도리라는 여성과도 교제를 시작한다. 나오코는 시설에서 상태가 점점 나빠지다가 결국 스스로 목숨을 끊어 버린다.

『상실의 시대』에서는 나오코를 비롯하여 신체가 건강한 젊은이들이 자살하는 모습이 여러 차례 나온다. 패기 넘치고 돌이라도 씹어 먹어야 할 젊은이들이 왜 무력감에 휩싸인 채 목숨을 끊어야 했을까? 그들이 상실한 것은 도대체 무엇일까? 상실한 것은 그들에게 어떤 영향을 미쳤을까? 정확한 병명은 나오지 않지만 이들은 우울증이라는 마음의 병에 시달렸던 것 같다. 우울증과 자살은 밀접한 관련이 있다. 어떤 의사들은 자살 시도를 우울증의 증상으로 본다.

우울증은 여러 가지 원인에 의해 발생한다. 우울증에는 분명 유전적인 요소가 있으며 최근 들어 우울증을 잘 견디게 도와주거나 더 잘 걸리게 하는 유전자들이 밝혀지고 있다. 일란성 쌍둥이 중 한 사람이 양극성 장애(조울증)나 정신분열증을 가질 때에 다른 쌍둥이가 같은 병을 앓을 확률이 각각 50%, 60%인 것으로 보아 정신 질환에 유전성이 크게 기여한다는 것은 자명해 보인다. 그렇지만 환경 또한 정신 질환에 영향을 미친다. 즐거운 일만 연이어 일어난다면 우울증에 안 걸릴지도 모른다. 한겨울에 찬바람을 쐬면 감기에 걸릴 확률이 높아지듯이 슬픈 일이 일어날 때 '마음의 감기'라 불리는 우울증에 걸리기 쉽다. WHO는 2020년경에 우울증이 심장 질환에 이어 인간을 괴롭힐 질병 순위 2위가 되리라고 예측했다.

우울증이 무서운 이유는 자살 충동을 불러일으키기 때문이다. 자살을 하는 사람의 60% 정도가 우울증을 겪는 것으로 알려져 있으며 우울증 환자의 3%는 실제 자살로 생을 마감한다. 무라카미 하루키가 2013년에 내놓은 『색채가 없는 다자키 쓰쿠루와 그가 순례를 떠난 해』의 주인공 다자키 쓰쿠루는 대학교 2학년 때에 영문도 모른 채 친구들에게 절교 통보를 받고는 우울함과 더불어 극심한 자살 충동을 느낀다. 실제 사랑하는 사람과의 이별, 가까운 사람의 죽음은 우울증을 일으키는 촉매이다. 개나 고양이, 소를 키워 본 사람이라면 동물에게도 동료나 가족의 죽음이 우울증을 가져온다는 것을 알 것이다.

우울증은 누구에게나 일어날 수 있는 일이며 우울증이 찾아왔다고 해서 부끄러워할 필요는 없다. 혹여나 자살 충동을 느낀다면 적절한 상담과 약물 치료를 통해 극복해 나가면 된다. 생명과학, 특히 뇌과학 분야를 통해 느낄 수 있는 점은 우울증을 포함한 여러 정신 질환이 생물학적 요소에 굉장히 많은 영향을 받는다는 사실이다. 여러 가지 항우울제나 비타민은 우울감에 젖은 사람에게 새 영혼을 선사한다. 극심한 우울증 또한 신경학적 이상에 의해 생긴다고 여기면 그 증상을 고치기 위해 노력할 수 있다.

일상적으로 할 수 있는 방법은 햇볕을 많이 쬐고 운동을 하는 것이다. 햇볕을 쬐면 비타민 D가 합성되고 밝은 빛에 의해 기분이 좋아진다. 운동이 스트레스와 우울함을 이겨 낼 수 있게 도와준다는 사실은 동물 실험과 임상 연구를 통해 밝혀졌다. 종합 비타민제를 먹는 것도 도움이 되고, 소화 기관은 제2의 뇌라고 불릴 만큼 신경이 많이 분포해 있으므로 소화계에 부담이 가지 않는 음식을 먹는 것이 좋다. 실제로 행복 호르몬이라 불리는 세로토닌의 상당량이 장에서 생성된다. 일부러 웃는 것도 실제 기분을 좋게 만든다. 우울증은 신체 건강 상태에 영향을 받기 때문에 적절한 휴식을 취해야 한다. 그렇게 해도 오랫동안 우울감을 떨쳐 낼 수 없다면 심리 치료와 약물 처방을 받는 것이 필요하다.

우리나라 사람들은 다른 나라 사람들보다 정신적으로 불운한 삶을 살고 있다. 2013년을 기준으로 우리나라의 10만 명당 자살률은 28.5명으로 OECD 국가 중 최고이며 전 세계 3위이다. 심지어 자살 대국이라 불린 일본보다도 높은 수치이다. 우리나라에서 자살은 암, 뇌혈관 질환, 심장 질환에 이어 사망 원인 4위이다. 폐렴이나 교통사고보다 높은 순위이다. 10대에서 30대만 놓고 보면 사망 원인 1위이다.

우리나라 사람들은 다른 어느 나라 사람들보다 많은 정신적 고통을 겪지만 정작 그에 대한 치료를 받거나 적절하게 해소하려는 노력은 하지 않는다. 이런 스트레스는 술과 담배라는 건강하지 못한 방법으로 해소되는데, 술과 담배는 스트레스를 잠시 망각하게 하는 일시적 미봉책일뿐 몸을 망가뜨리기만 한다. IMF 외환 위기나 세계 금융 위기처럼 경제 상황이 안 좋아지면 자살률이 증가하는 경향이 있다. 또한 소득이 낮을수록 우울증에 걸릴 확률이 높아지는 것으로 밝혀졌다. 경제적 상황이 사람들을 우울하게 만드는 것이다.

사회의 슬픈 단면 또한 구성원을 우울하게 만들 수 있다. 2014년에 대형 여객선 세월호는 서서히 균형을 잃고 쓰러져 갔다. 육지에서 멀지 않은 지점이었고 배는 아주 천천히 가라앉고 있어서 승선했던 사람들을 구하기에 충분한 시간이 있었다. 그렇지만 배에서는 "그 자리에 가만있으라."라는 방송만 흘러나왔고 결국 300여 명의 사람이 죽거나 실종되었다. 국민들은 실의에 빠졌고 정신과 의사들은 세월호 사고 이후 우울증 환자가 급증했다고 말했다. 소비 시장은 얼어붙었고 '세월호 우울증'이란 말까지 생겨났다.

『상실의 시대』가 폭발적인 베스트셀러가 된 1988년의 일본도 경제 수준은 높았으나 사회는 극도로 우울했다. 그해 3월에는 열차 사고로 고교생 27명이 사망했으며 낚싯배와 잠수함이 충돌해 30명이 운명을 달리했다. 여자아이만을 노려 칼로 상해하는 자가 나타났으며 쇼와 천왕은 소화 기관이 안 좋아 수술까지 받았지만 건강 상태는 나아지지 못했다. 우울한 사회를 살던 사람들은 하루키의 소설을 읽으며 자신들처럼 흔들리는 삶을 살았던 나오코와 와타나베에게 깊이 공감했던 것은 아닐까?

우울증을 비롯한 정신 질환의 생물학적 이유와 치료법

우울증은 생각보다 흔하고, 생각보다 무서운 질병이다. 전 세계 인류의 10% 정도가 살면서 우울증을 겪는다. 특히 여성이 남성에 비해 2배 정도 우울증에 걸릴 확률이 높다. 2013년을 기준으로 미국에서 가장 많은 매

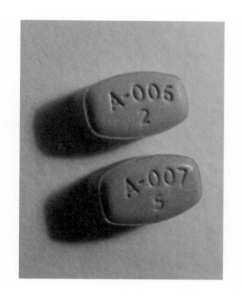

2013년 아빌리파이는 약 63억 달러의 매출을 올렸다.

출을 올린 약은 정신분열증, 조울증, 우울증 등에 사용되는 아빌리파이Abilify였다. 세로토닌과 노르에피네프린의 재흡수를 억제하여 우울증을 경감시키는 심발타Cymbalta 역시 매출 기준으로 5위에 올랐다. 많은 사람이 정신적 어려움을 겪는다는 뜻이다.

슬픔에서 비롯되는 우울증은 비단 인간만의 문제는 아니다. 노벨생리의학상을 받은 콘라드 로렌즈Konrad Lorenz의 보고에 따르면 동료를 잃은 거위는 슬픔에 빠진 인간의 증상을 모두 나타냈다. 새끼를 잃은 고양이나 침팬지가 아무것도 먹지 않은 채 사체 주위를 떠나지 못하는 경우도 있다.

고전적인 우울증 치료법은 정신 상담이다. 상담가, 정신과 의사와의 대화를 통해 고통스런 기억으로부터 자유로워지거나 우울함을 이기는 방법을 터득할 수 있다. 즉 학습을 통해 신경 구조를 재배열해서 기분을 흐트러뜨리는 기작을 중지시키는 것이다.

한편, 결핵이나 고혈압을 치료하기 위한 약들이 뜻밖에도 우울증 치료에 효과를 나타내면서 우울증의 신경과학적 원리가 알려지기 시작했다. 이들 약은 모노아민monoamine 계열의 신경 전달 물질을 더 오래 지속시킨다. 이를 통해 모노아민 신경 전달 물질이 기분과 밀접한 연관이 있다고 추정할 수 있었다. 모노아민 계열 신경 전달 물질이란 도파민, 세로토닌, 에피네프린처럼 이름이 대부분 '~린, ~민'으로 끝나는 물질로서 감정을 비롯해 인지, 기억 작용에 중요한 역할을 한다. 이 중 세로토닌은 흔히 행복 호르몬이라고도 불린다. 우울증 치료제들은 신경 세포들이 모노아민 계열 물질에 더 노출될 수 있도록 하여 우울증을 경감시킨다.

신경 전달 물질은 한 신경 세포에서 분비되어 다른 신경 세포에 신호를 준다. 그렇지만 분비된 물질이 오래도록 남아 있으면 신호 체계에 이상이 생길 수 있기 때문에 한 번 내보내진 신경 전달 물질은 다시 재흡수uptake되거나 파괴되는 경우가 많다.(전화를 걸어 용건을 전달한 후에는 전화를 끊어야 한다. 그렇지 않으면 새로운 전화를 받을 수도, 걸 수도 없다.)

만일 재흡수나 파괴 과정을 늦출 수 있다면 그 신경 전달 물질이 다른 세포에 영향을 미치는 시간도 길어진다. 'SSRI'라고 불리는 선택적 세로토닌 재흡수 억제제Selective Serotonin Reuptake Inhibitor가 바로 그런 역할을 한다. 이 물질은 세로토닌이 재흡수되어 사라지는 반응을 늦춰서 신경 세포 사이에 세로토닌이 더 오래 남을 수 있게 도와준다. 프로작Prozac이라는 상품명으로 알려진 플루옥세틴Fluoxetine은 대표적인 SSRI 계열 우울증 치료약이다. 또한 노르에피네프린과 도파민을 파괴하는 효소를 억제하는 물질 또한 우울증 치료제로 사용된다. 즉, 파괴하는 작용을 억제함으로써 무언가를 생산하는 것과 동일한 효과를 내는 셈이다.

그렇지만 흥미롭게도 이런 약을 사용하여 모노아민 수치가 올라간다고 해서 우울증이 곧바로 치료되지는 않는다. 프로작의 경우 몇 주 정도는 지나야 효과가 나타난다. 또 코카인 같은 일부 마약도 모노아민을 증가시키는데 그렇다고 해서 우울증 치료 효과가 나타나는 것은 아니다. 따라서 모노아민만이 기분 장애에 대한 완전한 해답은 아니다.

스트레스를 처음 인지하는 것은 고등 사고를 담당하는 대뇌 피질이다. 여기서 스트레스를 받는다는 정보가 시상하부로 전해지면 시상하부는 CRHcorticotropin releasing hormone라는 호르몬을 뇌하수체를 향해 분비한다. 뇌하수체는 또 ACTHadrenocorticotropic hormone를 콩팥 위의 부신으로 보내 코티졸이 분비되도록 한다. 시상하부에서 뇌하수체, 부신으로 이어지는 이 축을 각 단어의 앞 글자를 따서 'HPA 축'˙이라고 한다. HPA 축에서의 코티졸 분비 조절이 기분 제어에 핵심적인 역할을 한다.

스트레스 호르몬인 코티졸이 너무 많이 나오면 해마에 있는 수용체가 마치 센서처럼 수치를 감지해서 HPA 축에 분비를 자제하라는 신호를 보낸다. 그렇지만 지속적으로 스트레스를 받는 경우 해마의 세포는 격무를 버티지 못하고 죽어 나간다. 이후부터는 스트레스가 많이 생겨

˙ Hypothalamic-Pituitary-Adrenal axis

도 이를 잘 억제하지 못하는 악순환이 시작된다. 실제로 장기간의 정신적 고통을 겪은 사람의 해마는 정상인보다 작아져 있다. SSRI를 오랜 기간 투여하면 해마의 기능이 되살아나서 우울증이 경감되는 것으로 보인다. SSRI가 세로토닌의 수치를 바로 상승시킨다 하더라도 손상받은 해마를 회복시키기까지 시간이 오래 걸리기 때문에 약물에 의한 우울증 치료에는 몇 주가 걸린다.

문학적 소재로 사용된 정신 질환

정신 질환은 외상外傷 없이도 사람의 행동과 말투를 어느 정도 바꿔 놓을 수 있다. 마치 사람의 영혼 자체를 바꿔 놓는 느낌을 주는데 이런 이유 때문에 과거에는 악마를 쫓는다며 정신 질환자를 구타하거나 굿을 하기도 했다. 정신 질환을 가진 사람은 다른 사람에 비해 특이한 행동을 한다. 정신분열증또는 조현증, schizophrenia 환자는 환각 증상을 보이며 다중 인격을 가지기도 한다. 자폐증을 앓는 사람들 중에는 특정 능력에 천부적인 재능을 보이는 경우가 있다. 뇌의 한 부분이 잘 작동하지 않으면 다른 부분이 더 활발히 움직이는 보상 심리 때문에 이런 현상이 생기는 것으로 보인다.

서번트 증후군Savant syndrome이라 불리는 이 현상은 영화 〈레인맨Rain man〉이나 우리나라의 몇몇 드라마에서 다뤄졌다. 반사회적 인격 장애를 지칭하는 사이코패스Psychopath는 타인의 감정에 무관심하고 폭

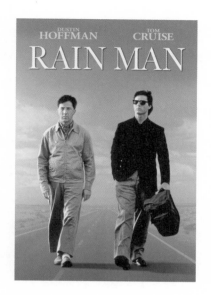

1989년 개봉한 배리 레빈슨 감독의 연출작 〈레인 맨〉의 포스터. 이 영화에서는 자폐증을 앓는 형 레이먼(더스틴 호프만, 왼쪽)과 그런 형을 못 마땅하게 여기는 동생 찰리(톰 크루즈, 오른쪽)가 함께 여행을 떠나며 서로의 우애를 확인한다. 영화 내에서 찰리는 레이먼이 천재적인 기억력을 가지고 있음을 발견하고 이를 이용해 도박에서 큰돈을 딴다.

©MGM/UA Communications Company

〈레인 맨〉의 주인공 레이먼의 실제 모델인 킴 픽(1951년 11월 11일~2009년 12월 19일). 그는 책 9,000권을 통째로 외웠으며 한 쪽을 읽는 데 10초밖에 걸리지 않았다. ©Dmadeo

력적이기 때문에 흉악 범죄를 일으키는 경우가 있다.

　　이러한 행동의 변화, 또는 정신 질환에 의한 특이한 행동은 작가들의 관심을 끌어 문학의 소재로 활용되었다. 켄 키지Ken Kesey의 『뻐꾸기 둥지 위로 날아간 새One Who Flew Over The Cuckoo's Nest』의 배경은 정신병원이다. 여자에 대한 두려움 때문에 결국 자살을 선택한 빌리, 환상을 보는 바티니, "루, 루, 루."라는 소리만 내는 라울러 등 다양한 정신 질환을 겪는 사람들이 등장한다.

　　『모비 딕Moby Dick』으로 잘 알려진 허먼 멜빌Herman Melville은 『필경사 바틀비Bartleby, the Scrivener』에서 어느 순간 영혼마저 바뀐 것 같은 바틀비를 묘사했다. 필경사는 복사기가 없던 시절에 기계처럼 문서를 베껴 쓰는 사람을 뜻한다. 법률 사무실에 필경사로 취직한 바틀비는 처음 며칠간 일을 잘 처리해 사람들의 신임을 얻었다. 조금 쓸쓸해 보이긴 했지만 그 차분함은 필경사로서는 좋은 성격 같았다. 그러던 중 바틀비는 갑자기 정당한 지시를 거부하고 "별로 그러고 싶지 않습니다.I would prefer not to"라는 말을 남발하기 시작한다. 다음은 바틀비가 처음으로 "I would prefer not to."를 말하는 장면이다. 분명 보통 사람의 상식으로는 이해하기 어려운 행동이다.

　　　　때때로 일이 바쁘면 나(소설의 화자인 법률가)는 니퍼즈와 터키(또 다른 필경사들)를 불러 문서 작업을 직접 돕기도 했다. 내가 바틀비를 칸막이 뒤 가까운 곳에 놓은 이유는 이런 간단한 일을 할 때 그의 도움을 받기 위해서였다. 내 생각에 그를 고용한 지 3일째 되는 날이었다. 아직까지는 그의 필사를 검토할 일이 없었다. 나는 다급하게 완성해야 할 잡무가 있어서 바틀비를 급하게 불렀다. 급하기도 했고 그의 즉각적인 행동을 자연스레 기대하던 나는 책상에 놓인 원본 위로 머리를 숙인 채 앉아 있었고 복사본을 든 오른팔을 꽤나 신경질적으로 뻗었다. 바틀비가 자리에서 나오자마자 복사본을 받아 시간 낭비를 최소화하려는 의도였다.

이런 의도로 앉아 있던 나는 그를 부르고는 해야 할 일을 재빠르게 말했다. 그 말이라 함은 나와 함께 문서 몇 장을 검토하자는 것이었다. 바틀비가 자신의 공간에서 움직이지도 않은 채 이상할 만큼 부드럽고 굳은 목소리로 "별로 그러고 싶지 않은데요." 라고 대답했을 때 나의 놀라움, 아니 나의 소스라치던 기분을 상상해 보라.

나는 넋이 나간 정신을 바로잡으며 한동안 완벽한 정적을 지킨 채 앉아 있었다. 곧바로 내가 잘못 들었거나 아니면 바틀비가 내 뜻을 완전히 잘못 알아들었다는 생각이 들었다. 나는 가능한 분명한 어조로 다시금 내 요구를 말했다. 그러나 이내 아까처럼 분명하게 "별로 그러고 싶지 않은데요."라는 대답이 돌아왔다.

"그러고 싶지 않다니?"

크게 흥분한 내가 소리쳤다. 그러고는 사무실을 성큼성큼 가로질러 걸었다.

"무슨 소리야? 정신이 나갔나? 여기 이 자료를 검토하는 걸 도우란 말이야. 받아."

나는 그에게 종이를 들이댔다.

바틀비는 이후 모든 일을 거부하기 시작했고 사무실에서도 나가지 않았다. 그가 사무실에 기거한 채 도저히 나가지 않자 아예 사무실을 다른 곳으로 옮겼는데 새로운 입주자가 나타나도 바틀비는 계속 그곳에 머물렀다. 결국 그는 감옥에 갇혔는데 우울해 보이던 바틀비는 아무것도 먹지 않아 굶어 죽고 만다. 이후 들린 소문으로는 그가 배달될 수 없는 편지들을 처리하는 곳Dead Letter Office에서 일했다고 한다. 아마 그곳에서 일했던 경험이 그의 우울감을 키운 것으로 생각되었다. 실제로 이 작품에 대한 해석 중 하나는 바틀비가 우울증의 표상이라는 시각이다. 정상적인 사람이 의욕을 잃고 음식을 거부해 스스로 목숨을 끊은 것은 우울증의 증상이라 볼 수 있다.

아티스트와 마음의 병

소설가나 화가의 전기를 읽으면 유난히 정신 질환에 대한 이야기가 많이 나오는 것 같다. 다른 위인전을 읽을 때에는 잘 느끼지 못하는 점이다. 정말 아티스트들은 정신적 문제에 더 민감할까? 아니면 사람들은 일반적으로 정신 질환에 많이 시달리는데 아티스트가 표현을 직업으로 삼다 보니 정신 질환에 더 많이 시달리는 것처럼 보이는 걸까?

최근 들어 이뤄진 정량적 연구에서 흥미로운 결과가 나타났다.

실제로 예술과 창조를 직업으로 가진 사람들은(예컨대 소설가, 시인, 화가, 음악가 등) 정신 질환에 시달릴 확률이 일반인에 비해 훨씬 높다. 우울증은 일반인의 10배, 조울증은 30배에 달한다고 한다.

노벨문학상 수상자인 어니스트 헤밍웨이 또한 평생 우울증에 시달렸다. 우울증이 잘 낫지 않아 극단적인 전기 충격 요법까지 시행했지만 차도가 없었다. 그는 "좋든 싫든 우울증의 끔찍한 기분은 '예술가의 보상'이라고 알려진 것이다."라고 하였다. 결국 헤밍웨이는 전기 충격 요법 이후 총기를 사용해 자살했다. 대표적인 인상주의 화가였던 빈센트 반 고흐는 정신 착란과 조증을 앓았다. 1888년 겨울에는 한쪽 귀를 스스로 잘라 버렸고 1890년에는 총으로 목숨을 끊었다. 그는 죽기 직전에 "슬픔은 영원히 남는 거야."라고 말했다.

우울증이 일어나면 의욕이 사라지고 힘이 없어진다. 몸은 축 늘어지고 표정은 늘 어둡다. 아무 일도 하고 싶지 않고 그냥 가만히 있고 싶다. 이런 우울증은 마치 담배처럼 백해무익해 보인다. 우울증 때문에 힘이 없는 선사 시대의 인간은 왠지 늑대에게 더 잘 잡아먹혔을 것 같기도 하다. 그렇다면 우울증은 어떻게 진화의 역사에서 살아남았을까? 일부에서는 우울감이 들 때 찾아오는 무기력감이 생존에 도움이 된다고 주장한다.

2009년에 미국의 과학 잡지 『사이언티픽 아메리칸Scientific American』에 실린 기사에 따르면 우울증은 사람을 침착하게 만들어 문제 해결에 집중할 수 있도록 도와주는 순기능을 가졌다. 실제로 우울함을 가진 사람은 자신의 문제를 계속해서 곱씹어 보는데 이 행위는 역설적이게도 꽤나 생산적이기까지 하다. 그들은 복잡한 문제를 분석적으로 이해하여 효과적으로 풀어 나간다. 지적 능력을 요구하는 문제를 풀 때 우울감을 자주 느끼는 사람이 더 높은 점수를 얻는다는 보고도 있다. 또한 우울감은 불가능한 목표를 포기하게 만들어 불필요한 신체적, 정신적 에너지 낭비를 막기도 한다.

또한 우울증은 때때로 매력을 증가시킨다. 제시카 트레이시Jessica Tracy가 이끄는 연구 팀에 따르면, 여성은 밝은 표정을 짓는 남성보다 약간 우울해 보이는 남자에게 매력을 느끼는 것으로 나타났다. 게다가 우울증을 비롯한 정신 질환은 창조성과도 어느 정도 관련이 있는 것으로 보인다. 수많은 세대를 거치면서도 인간이라는 종에게 정신병이 사라지지 않은 이유는 바로 이 창조성과 연관되었기 때문이라고 추측해 볼 수 있다.

이에 대해 사이먼 키아Simon Kyaga 연구 팀은 흥미로운 연구 결과를 선보였다. 연구 팀은 다수의 정신 질환자를 대상으로 그들의 가족과 친척이 창조적 직업에 얼마나 많이 종사하는지 조사하였다. 여기서 창조적 직업이란 작가나 배우, 화가처럼 창조성을 필요로 하는 직업을 뜻한다. 연구 팀의 분류에서는 과학자도 창조적 직업에 포함되었다. 정신분열증, 조울증, ADHD, 우울증, 자폐증 등 여러 정신 질환자를 살펴본 결과, 환자 자신이 창의적 직업에 종사할 확률은 대조군(정상 사람)과 별 차이가 없었으나 형제, 부모와 같은 가족들이 창의적 직업에 종사할 확률은 더 높았다.

가족들은 정신 질환자와 유전적 정보가 비슷하지만 환자처럼 심각한 질환이 나타나지 않는 정상 범주에 속한다. 그렇지만 혈연관계에 있으므로 약간의 정신 질환 성향이 나타날 수 있다. 이런 점에서 미약한 정신 질환적 성향이 창조성을 키운다는 가설이 제기되었다. 마치 거꾸로 된 U자 곡선처럼 정신 질환의 정도가 적정선이면 창조성은 극대화되지만 정신 질환이 더 심해지면 오히려 창조성이 떨어진다는 생각이다. 그러므로 비록 환자 본인들은 번식을 잘 못하더라도 유전자를 공유하는 가족, 친척들이 후세에 유전자를 물려주기 때문에 정신 질환 성질이 아직까지 없어지지 않았다고 추측되었다.

실제로 창의력이 높은 사람이 더 많은 연애를 한다는 연구 결과가 있다. 또 다른 조사에 의하면 자신이 매력적이라고 생각하는 사람일수록 이성의 창조성을 중요하게 여기는 경향이 있었다. 자신이 뛰어나기에 데이트 파트너 역시 생존과 직결되지 않은 그러한 '사치' 재능을 가지길 기대하는 것으로 보인다.

그렇다면 정신 질환은 어떤 방식으로 예술성을 키워 줄까? 경미한 정신분열증을 가진 사람은 남들과 똑같이 생각하지 않는 유연한 사고를 할 수 있다. 기분이 좋고 잠을 안 자도 늘 힘이 넘치는 경조증hypomania은 무언가 하려는 강한 동기를 부여한다. 약한 자폐증은 특정 분야에 깊이 몰두하도록 이끈다. 그 분야가 수학이나 물리학처럼 고도의 사고와 집중을 요하는 분야라면 탁월한 성취도를 낼 가능성이 높아진다. 또한 정신 질환과 신체 질환은 휴식의 시간을 제공하여 내면의 사고에 귀 기울이고 창작 활동에 집중할 기회를 주기도 한다.

신체가 건강하지 못해 자신의 수명이 길지 않을 것이라고 느끼는 사람은 작품 창작에 더 절박해질 가능성이 있다. 유연한 사고와 강한 의지, 몰입은 모두 창조력의 필수 조건이다. 아리스토텔레스가 광기 없는 위인은 존재하지 않는다는 말을 남긴 것도 이런 맥락에서 이해할 수 있다. 물론 건강하지 못한 정신, 신체는 사람을 무기력하게 만들거나 삶의 의지를 앗아 가기도 한다.

위대한 예술가 또는 위인을 보면 자신의 아킬레스건을 긍정적인 자극제로 사용한 경우가 많다. 또 이미 겪어 낸 고통을 통해 새로운 역경에 굴하지 않는 회복성resilience을 키운 경우도 많다. 약점에 어떻게 대응하는지가 위인과 그렇지 못한 사람을 나누는 기준이 되는 것 같기도 하다.

사이먼 키아 연구 팀에서는 전문 작가와 정신 질환의 상관관계도 조사하였다. 조사가 이뤄진 정신분열, 조울증, 우울증, 불안 장애, 알콜 중독, 약물 중독, ADHD, 거식증, 자살 시도에서 전문 작가가 이런 정신 질환을 가질 확률이 다른 직업 그룹에 비해 월등히 높았다. 예술 분야 종사자나 과학자에 비해서도 훨씬 높았다. 작가의 가족이 이런 질환을 가질 확률도 작가들만큼은 아니지만 높은 편이었다. 다른 연구 결과들도 작가가 정신적으로 더 취약하다는 사실을 보여 준다.

아놀드 루드비히 연구 팀의 통계 조사를 보면 시인, 작가, 작곡가 등 예술 분야 종사자가 평생 우울증에 걸릴 확률이 다른 집단에 비해 높게 나타났다. 시인의 경우에는 77%에 달했고, 픽션 작가가 59%, 미술가와 작곡가는 50% 정도였다. 반면 탐험가와 군인은 5% 이하였다. 건축가, 스포츠 선수, 과학자 직업군 또한 10% 대의 낮은 확률을 보였다. 조증이나 정신분열증 같은 정신 질환도 비슷한 양상을 보였다. 이 결과에서도 글을 쓰는 작가가 여러 가지 정신병에 더 취약했다. 왜 다른 예술가에 비해 유독 글을 쓰는 작가에게만 이런 경향이 나타날까? 정신분열증과 언어의 진화를 관련시킨 주장이 있지만 자세한 원인에 대해서는 앞으로도 연구가 더 필요하다.

위대한 작가는 위대한 작품을 쓰는 사람이다. 위대한 작품이라면 적어도 기존의 작품과는 다른 점이 있어야 한다. 비슷한 내용이 수백 권은 있을 것 같은 작품을 창작하는 사람을 보고 훌륭한 작가라고 하지는 않는다. 즉 좋은 작품이 되려면 기본적으로 독특해야 하는데 평범한 사람보다 독특한 사고를 하는 사람이 독특한 작품을 쓰는 데에 유리할 것 같다.

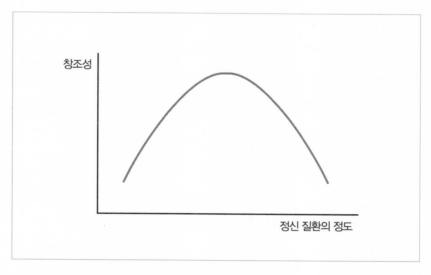

약한 수준의 정신 질환은 오히려 창조성을 증가시키는지도 모른다.

독특한 사고를 하는 사람은 다시 말해 다른 사고를 하는 사람이다. 정신이 보통 상태와 다를 때 정신 이상이라고 부른다. 이상異常하다는 말은 보통 부정적인 의미로 쓰이는데 단어 자체만 놓고 보면 보통常과 다르다異는 뜻이다. 즉 독특한 작품을 쓰는 작가가 독특한 정신을 가지고 있다면 그 사람은 정신이 이상할 확률이 높다고 생각할 수 있지 않을까?

어쩌면 창조성과 정신 질환은 불가분의 관계일지도 모른다. 창조적이라는 것은 생각이 많고 독특하다는 뜻이다. 다시 말해 뇌 활동이 풍부하고 그 강도가 강하다는 뜻인데 바로 그 이유 때문에 고장이 날 가능성도 높다. 단순한 전자계산기는 건전지만 닳지 않는다면 오류를 일으킬 일도 거의 없고 바이러스에 걸리지도 않는다. 그렇지만 기능이 복잡한 컴퓨터는 바이러스에 걸리기도 하고 논리적 오류에 빠지기도 한다. 즉 기능이 복잡할수록 장애가 나타날 가능성도 높다. 생각 없이 사는 사람이 오히려 정신적으로 건강할 수 있는 것처럼 뇌를 많이 쓰는 예술가들에게서 정신 질환이 자주 나타날 수 있다. 이런 점에서 정신 질환은 뛰어난 재능에 대한 세금일 수 있다. 실제로 정신 질환이 치료되면서 예술적 재능을 잃어버리는 사례도 있다.

그렇지만 정신 질환이 창의성을 늘 증가시키는 것은 아니다. 창작을 직업으로 갖는 사람 중에서 정신 질환으로 고통받는 사람이 많기는 하지만 정신 질환을 가진 사람은 일반적으로 창조적이지 못하다. 창조적이었던 사람이 정신 질환 때문에 그 능력을 잃어버리는 사례도 수없이 많다. 한 조사 결과에 따르면 예술가들의 1/3 정도는 정신 장애로 인

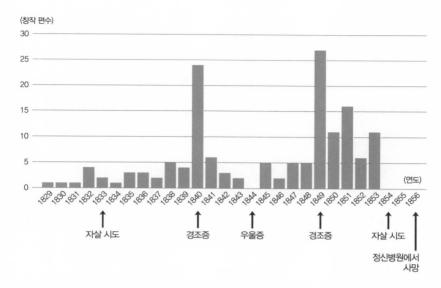

(창작 편수)

자살 시도　　　경조증　　　우울증　　　경조증　　　자살 시도

정신병원에서
사망

슈만의 창작력은 정신 상태와 비례하였다. 기분이 좋을 때에는 왕성히 창작했으나 우울할 때에는 창작을 거의 하지 못했다.

한 창작물의 완성도 저하, 효율성 감소를 경험한다. 특히 우울감은 예술가에게는 치명적일 수도 있는 의욕 저하를 불러일으킨다.

　　　자신을 위대한 화가라고 지칭했고 실제로 많은 사람이 그렇게 생각했던 폴 고갱Paul Gauguin은 우울증에 의한 자살 기도 후 미술을 포기했다. 『좁은 문』의 작가이자 노벨문학상 수상자인 앙드레 지드Andre Gide 역시 우울증이 일어날 때에는 작품 활동을 제대로 하지 못했다.

　　　작곡가 로베르트 슈만Robert Schumann의 예는 더욱 극명하다. 조울증을 앓았던 그가 매해 몇 편의 작품을 창작했는지만 봐도 언제 우울했고 언제 조증이었는지 알 수 있다. 기분이 좋은 해에는 1년 동안 30편 가까이 되는 곡을 만들었다. 대표적인 인상파 화가인 클로드 모네Claude

Monet는 아내와 자식의 죽음 때문에 우울증에 빠졌다. 그는 그림 그리기가 역겨우며 지속적인 고문이라고 표현했다.

지금까지는 정신 질환에 의해 창의성이 영향을 받는 경우를 살펴봤는데 이와는 반대로 창의적 활동이 정신 장애를 변화시킬 수도 있다. 창의적 활동은 때로는 마음의 병을 악화시킨다. 레프 톨스토이는 『안나 카레니나』를 집필하고 나서 심각한 정신적 위기를 경험했다. 조지프 콘래드Joseph Conrad 또한 책을 낸 후 몇 달간 신경 쇠약과 맞서야만 했다. 이런 예술가들은 자신의 피를 뽑아내고 뼈를 깎아서 작품을 잉태했다고 볼 수 있다.

한편 작품 창조가 정반대의 효과를 나타내기도 한다. 훌륭한 작품을 만들었다는 자기만족 때문인지, 혹은 자신의 존재 의미를 찾는 데서 희열을 느끼는지 그 원인은 불분명하지만 창조성은 정신 장애를 치료하기도 한다. 프란츠 카프카Franz Kafka가 대표적인 예이다. 그는 신경증으로부터 스스로를 구제하기 위해 글을 쓴다고 말했다. 제2차 세계대전에 대한 기록으로 노벨문학상을 수상한 영국의 전 수상 윈스턴 처칠Winston Churchill은 자신의 우울증을 '검은 개'라고 표현했다. 그림이 검은 개로부터 탈출할 수 있게 도와주며 천국에 가면 첫 100만 년 동안은 그림을 그리고 싶다고도 말했다.

생물학적 비유를 들자면 예술가는 우울증에 대한 면역 반응으로 작품을 창조한다고 볼 수도 있다. 외부 병균이 들어오면 우리 몸은 기침을 하거나 체온을 높인다. 오한을 느끼게 하여 신체의 소유주로 하여금 따뜻한 곳에 가도록 유도한다. 상처가 나면 면역 세포들이 몰려와 상처

부위가 부어오른다. 이런 일련의 반응은 매우 불쾌하지만 면역 반응에 있어 필수적이다. 기침, 콧물은 외부 병원균을 내보내는 역할을 하고 발열은 면역 세포의 활성을 돕기 때문이다.

작가 역시 우울증이라는 외부의 고통에 맞서 싸우기 위해 문학 작품을 창작한다고 볼 수 있다. 문학 작품을 창작하는 것은 정신적 고통에 대한 카타르시스 로서 무언가를 창작하였다는 뿌듯함과 함께 우울함을 소모시킨다. 『대지The Good Earth』로 퓰리처상과 노벨문학상을 받은 펄 벅Pearl Buck은 아티스트의 창조성에 대해 다음과 같은 글을 남겼다.

> 어느 분야든 진실로 창의적인 정신은 다음과 같다. 이상하게 태어나고 비인간적으로 민감한 인간. 그에게 접촉은 주먹질이고, 소리는 소음이고, 불운은 비극이며, 즐거움은 황홀경이며, 친구는 애인이고, 애인은 신이며 실패는 죽음이다. 여기에 더해 잔혹할 만큼 민감한 이 생물은 창작하고, 창작하고, 창작하려는 막강한 필요성을 가진다. 그리하여 음악이나 시나 책이나 건물이나 의미 있는 무언가를 창조하지 못하면 그의 숨은 그로부터 떨어져 나간다. 그는 반드시 창조해야 하고 창조물을 쏟아 내야 한다. 어떠한 알 수 없고 기묘한 내적 절박함으로 인해 그는 창조하지

• 아리스토텔레스의 『시학』에 등장하는 카타르시스(catharsis)는 배설, 정화를 뜻하는 그리스어이다. 비극을 감상하면 마음속의 슬픔이 해소되고 정신이 안정된다. 또한 자신의 감정 상태를 표현하고 나면 개운해지는 느낌이 드는데 이를 카타르시스라고 한다.

않으면 살아 있지도 않다.

작가 중에 정신 질환을 겪는 비율이 높은 것은 맞지만 대다수의 작가가 정신 질환을 겪지 않는다는 사실에도 주목해야 한다. 정상적인 멘탈을 가진 작가의 예는 너무 많아서 다 댈 수가 없다. 유명한 작가를 두세 명 떠올려 보면 그 사람들은 모두 정신적으로 건강한 삶을 살고 있을 확률이 높다. 위대한 예술가들 중 정신 질환을 앓은 사람이 많았다고 해서 정신 질환을 미화하지는 말자. 문제가 있다면 치료를 받아야 한다.

전쟁 본능과
아포칼립스의
심리학

하인리히 폰 클라이스트의
『미하엘 콜하스』

우리가 전쟁을 끝내지 못하면
전쟁이 우리를 끝낼 것이다.

_허버트 조지 웰스

전쟁의 심리학

한때 침팬지는 과일과 풀만 먹으며 무리 생활을 하는 얌전한 초식 동물로 알려졌다. 인간의 옛 모습을 연상시키는 영장류들의 평화로운 삶은 성선설에 대한 직관적 근거이기도 했다. 적어도 영장류 연구가인 제인 구달Jane Goodall에 의해 침팬지의 은밀한 사생활이 알려지기 전까지는 그랬다.

탄자니아의 곰베 국립공원에서 침팬지를 관찰하던 제인 구달은 침팬지들이 협력을 통해 원숭이를 사냥해 잡아먹는 모습을 목격했다. 이후 침팬지들이 무리를 지어 다른 그룹의 구성원을 몰살하거나 인간을 공격해 죽이는 사례가 보고되었다. 같은 그룹 안에서도 우두머리 교체를 위해 여러 침팬지가 연합하여 다른 구성원을 죽기 직전까지 물어뜯고 구타하는 경우도 있었다. 무력을 통한 쿠데타를 일으키는 것이다. 최근 연구에 따르면 침팬지는 나무를 꺾은 후 이빨로 물어뜯어 끝이 뾰족한 창을 만든다. 그 창은 작은 원숭이[*]를 사냥하는 데 사용된다. 권력을 위한 폭력과 살상 도구 사용은 인간에게만 국한된 일이 아니다.

인류의 역사는 전쟁의 역사라 불릴 만큼 인간은 무수히 많은 전쟁을 일으켰다. 현대에 이르러서도 전쟁은 그치지 않고 우리 또한 휴전 상태의 국가에서 살고 있다. 전쟁은 수없이 많은 사람에게 죽음과 신체적 손상과 트라우마와 사랑하는 사람을 잃은 슬픔을 가져다주었다. 작가들도 전쟁을 목격했고 그로 인해 상처를 입었으며 그 아픔은 문학으로 승화되었다. 제2차 세계대전 직후의 유럽 문학과 1950년대 한국 문학은 전쟁이 아니고서는 이해될 수 없다.

전쟁이 일어나는 이유는 기본적으로 욕심과 분노이다. 로마와 카르타고의 오랜 전쟁은 지중해의 패권을 장악하기 위한 두 강대국의 치열한 경쟁이었으며 일본이 대동아 전쟁을 벌인 이유도 새로운 식민지를 차지하기 위해서였다. 침팬지들 또한 전쟁을 통해 영토를 넓히면 그 안에서 나오는 식량을 독점할 수 있기 때문에 식량 걱정 없이 자식을 더 많이 낳을 수 있다.

그렇지만 문명사회가 전쟁을 일으키기 위해서는 대의명분이 필요하다. "식민지를 차지하기 위해 전쟁을 시작하겠다."라는 말은 지도자를 치졸한 욕심쟁이로 만들 뿐만 아니라 국민들에게도 별로 설득력이 없다. 국민들이 죽음을 각오할 만한 이유가 있어야 하는데 분노는 그런 의

• 유인원과 원숭이는 모두 영장류이지만 꼬리가 없는 침팬지, 보노보, 고릴라, 사람은 영장류 중에서도 유인원에 속한다.

미국 뉴욕에 위치한 국립 9·11 메모리얼 파크.

지를 끌어내기에 훌륭한 수단이다. 오스트리아의 황태자 부부가 살해당한 사라예보의 총성은 오스트리아 국민을 분노시키기에 충분했고 결국 제1차 세계대전의 '표면적인' 발발 원인이 되었다. 세계무역센터World Trade Center에 대한 비행기 자폭 공격이 일어난 2001년 9월 11일에 미국인들은 자국민이 죽어가는 모습을 생생히 지켜봐야 했다. 한 달 후인 10월 7일부터 미국과 영국에 의한 아프가니스탄 전쟁이 시작되었다.

분노는 다스려야 할 대상으로 여겨지지만 분노가 없는 인간은 600만 년 동안의 야생 생활에서 생존하지 못했을 것이 분명하다. 자신의 가족이 맹수에 의해 다치거나 죽는 상황에서 인간은 창을 들고 맹수와 맞서 싸워야 한다. 다른 부족이 쳐들어올 때도 마찬가지이다. 자비와 동정심은 버리고 몸의 모든 에너지를 상대를 죽이는 데 집중해야 한다. 우리의 몸 또한 이런 목적에 맞게 행동한다. 우리의 신경 활동은 교감 신경계sympathetic pathway와 부교감 신경계parasympathetic pathway로 나눠지고 이 구분을 통해 우리 몸은 평상시와 비상시에 서로 다르게 행동한다.

평상시 우리를 지배하는 부교감 신경계는 소화에 집중하고 편히 쉴 수 있도록 도와준다. 이 신경계가 활성화되면 침이 분비되면서 소화 운동이 촉진되고 심장 박동은 느려지며 혈관이 팽창해 혈압이 낮아진다. 반면 위기 상황에서 작동하는 교감 신경계는 동공을 확장시키고 심장을 빨리 뛰게 하며 혈압을 상승시킨다. 비상 상황에서 인간은 온 힘을 다해 도망치거나 상대방과 싸워야 한다. 목숨과 관련된 중요한 문제이므로 소화 따위는 중요하지 않다. 때문에 교감 신경계가 활성화되면 소화에 에너지를 쓰지 않고 근육으로 에너지를 돌린다.

간단히 말해 부교감 신경계는 평화로운 상황에서, 교감 신경계는 문제가 발생했을 때 작동하는 신경계이다. 끊임없는 긴장과 스트레스 속에 살고 있는 사람은 지속적으로 교감 신경계가 활성화되고 스트레스 호르몬이 분비된다. 이런 상태가 이어지면 소화가 안 되고 면역력이 약해지기 때문에 적절한 스트레스 조절은 건강을 위해 필수적이다.

분노 때문에 이제 막 전쟁을 일으키려는 사람들의 교감 신경계는 미친 듯이 흥분한다. 교감 신경계가 흥분하면 아드레날린adrenaline이라고도 불리는 에피네프린epinephrine이 신장에 붙어 있는 부신 수질adrenal medulla에서 분비된다. 이 호르몬은 혈압을 상승시키고 심장 박동, 호흡을 빠르게 만든다. 또한 간으로 하여금 포도당을 만들게 해서 순간적인 힘과 에너지를 발휘할 수 있도록 한다.(포도당은 평상시 간에 글리코겐 형태로 저장되어 있다.)

미셸 몽테뉴Michel Montaigne가 말했듯이 국가 간의 전쟁도 우리가 이웃과 다투는 것과 같은 이유로 시작된다. 작게는 싸움이 일어나는 순간부터 크게는 전쟁이 발발하는 순간까지 이러한 분노와 긴장감이 인간의 정신과 신체를 지배하는 모습을 찾아볼 수 있다. 특히 하인리히 클라이스트Heinrich Kleist의 『미하엘 콜하스Michael Kohlhaas』에는 개인의 복수심이 어떻게 전쟁으로 이어지는지 잘 나타나 있다.

성실한 시민이자 말장수였던 마하엘 콜하스는 말을 끌고 가다가 통행 허가증이 필요하다는 말을 듣는다. 콜하스는 벤첼 트론카의 성에 좋은 말 두 마리와 그 말을 돌볼 하인 헤르스를 남겨 두고 통행증을 받으러 떠났다. 그렇지만 얼마 후 그런 통행증은 필요 없다는 사실을 알게 되고 말과 하인을 찾기 위해 돌아왔을 때 말들은 깡말라 있었고 하인은 두들겨 맞아 쫓겨난 상태였다. 분노한 콜하스는 피해를 보상해 달라는 소송을 제기했으나 트론카 성주의 친척들이 법원에 포진해 있었기에 소송은 기각되었다. 상급 법원에서도 마찬가지였다. 게다가 소송장을 내려 갔던 콜하스의 부인은 병사의 창에 맞아 생명이 위태로운 채로 돌아온다.

> 그녀(콜하스의 부인)는 마치 무언가를 찾는 것처럼 성경을 넘겼다. 그러고는 결국 침대 곁에 있던 콜하스에게 다음 구절을 가리켰다. "너의 적을 용서하라. 너를 미워하는 자들에게 좋게 대하라." 그녀는 가장 빛나는 눈빛으로 그의 손을 잡고 숨을 거두었다.

'내가 그 지주를 용서하지 않는 것처럼 신도 나를 용서하지 말기를.'
콜하스는 생각했다.

(중략)

콜하스는 집을 팔고 그의 자식들을 마차에 태워 국경 밖으로 보냈다. 그는 헤르스와 더불어 강철처럼 진실된 7명의 하인을 불렀다. 밤이 되자 그들을 무장시키고 말에 태워 트롱켄부르크 성으로 떠났다.

세 번째 밤이 되자 작은 무리는 문 근처에서 대화를 나누던 통행 감시인과 문지기를 짓밟아 넘고는 트롱켄부르크 성으로 들어갔다. 이 무리가 불을 붙여 별채들이 무너져 내리는 동안 헤르스는 원형 계단을 달려 올라가 성주의 타워에 다다랐다. 그러고는 반쯤 벗은 채 놀고 있던 성주와 관리인을 베고 찔렀다. 콜하스는 지주 벤첼을 잡으러 성으로 돌격해 들어갔다. 심판의 천사가 그렇게 하는 것 같았다.

이후 콜하스는 군인들을 모집하여 내전을 일으키기에 이른다. 콜하스는 에피네프린으로 가득 찬 인간이라고 할 수 있다. 분노하는 인간에게서 나오는 이 호르몬은 인간의 공격 본능을 자극하여 남을 찌르고 피 흘리게 하도록 조종한다. 반면 어떤 물질은 에피네프린과 반대 효과를 나타낸다. 'GABAgamma aminobutyric acid'는 신경의 흥분을 가라앉히는 억제성 신경 전달 물질이다. GABA는 마음을 편안하게 만들고 불안을 가라앉혀 우울증 치료제로도 사용된다. 발작은 신경이 지나치게 활성화될 때 나타나기 때문에 GABA 양이 부족할 경우 발작이 일어나기도 한다. 욕망을 억제하고 마음을 편안히 하는 스님들에게 GABA가 많이 발생한다고 알려져 있다. 모두가 복수를 외치는 그런 사회에는 GABA가 필요하다.

과학 발달과 전쟁

남을 파괴하려는 마음이 아무리 강하더라도 그것을 실현시킬 수단이 없다면 분노는 마음속에서만 맴돌 것이다. 인간은 여타의 종과는 다른 지능을 이용해 공학 기술을 발달시켰고 이를 바탕으로 무시무시한 무기들을 만들어 냈다. 이러한 기술력은 인간이 다른 동물과 구별되는 중요한 특성이다.

　　기술의 중요성은 현대에만 강조되지 않았다. 고대 그리스인들이 창조한 신화에서도 프로메테우스Prometheus라는 기술의 신이 등장한다. 프로메테우스는 신임에도 불구하고 인간을 도와주기 위해 노력했는데 그 일환으로 제우스로부터 불을 훔쳐서 인간에게 가져다주었다. 그는 올림포스 산에 올라 회향나무 더미 안에 불씨를 숨겨 인간에게 전해 주었고 이에 분개한 제우스는 프로메테우스를 바위산에 묶어 놓고 매일 독수리(이것은 제우스의 상징이기도 하다.)가 그의 간을 파먹게 했다. 다음 날이 되면 간은 다시 자랐기 때문에 프로메테우스는 헤라클레스가 구해 주기 전까지 오래도록 고통에 시달려야 했다.

불 덕분에 인간은 밤을 밝히고 추위와 싸워 문명을 이룰 수 있었다. 이런 점에서 프로메테우스의 불은 지혜와 기술력의 상징이다. 실제로 프로메테우스의 이름은 '먼저 생각하는 자'라는 뜻이다. 고대 그리스인들이 보기에도 기술력은 인간을 인간답게 하는 특성이었다.

인간의 지식 내에서 지구는 불이 존재할 수 있는 유일한 행성이다. 우주의 다른 곳에서 불이 존재할 수 없는 이유는 기체 상태의 산소가 없기 때문이다. 산소는 반응성이 매우 큰 물질이기에 지구상의 산소 분자는 화학 반응하여 이산화탄소로 변하거나 금속과 반응해 땅에 고정되는 게 자연스러워 보인다.(실제로 지각에서 가장 풍부한 원소는 철도, 알루미늄도 아닌 산소이다.) 지구 대기의 무려 20%를 산소가 차지하는 것은 대로변에 떨어진 지폐를 아무도 가져가지 않는 것처럼 매우 놀라운 일이다. 반응성이 큰 산소가 반응하지 않은 상태로 이렇게 많이 존재할 수 있는 이유는 식물 덕분이다.

초기의 생명체는 광합성 활동을 통해 이산화탄소에서 탄소를 떼어 내어 영양 물질을 만들었다. 안정적이면서 많은 수의 물질과 결합할 수 있는 탄소는 생명체의 주요 성분이기 때문에 시아노박테리아cyano-bacteria들은 비록 에너지를 쓰는 한이 있더라도 이산화탄소에서 탄소를 가져와야 했다. 그 결과 산소라는 부산물이 생겨났다. 산소는 유기물과 반응해 에너지를 만들기 때문에 다른 생물을 잡아먹고 그 유기물을 산소와 반응시키는 종속 영양 생물이 등장했다.

인간 또한 다른 생물을 잡아먹고 사는 종속 영양 생물이다. 햇빛을 아무리 많이 쬐어도 광합성을 할 수 없기 때문에 생존을 위해서는 식물이건 다른 동물이건 무언가를 먹고 산소를 마셔야 한다. 동물은 단백질의 훌륭한 공급원이기 때문에 인간은 다른 맹수와 마찬가지로 사냥을 통해 단백질을 섭취했다.

그렇지만 고기를 날것으로 먹는 것은 별로 좋지 못한 일이다. 가장 큰 걱정은 감염이다. 어떤 종에서는 별로 치명적이지 않다가 다른 종으로 옮겨 가면 생명을 위협하는 균과 바이러스가 여럿 있다. 대표적인 것이 후천성 면역 결핍 증후군, 즉 에이즈AIDS이다. 에이즈를 일으키는 HIV 바이러스는 영장류의 SIV 바이러스가 인간에게 전이된 후 변이되어 생겨난 것으로 보인다. 여러 영장류에게 SIV 바이러스는 그렇게 치명적이지 않지만 침팬지와 고릴라를 사냥하는 과정에서 이들의 피가 상처를 통해 인간의 몸으로 들어갔고 바이러스는 새로운 종에서 무섭게 돌변했다.

가열은 이런 감염 위험을 줄일 수 있는 효과적인 방법이다. 불에 의한 조리는 살코기와 식물의 섬유소를 부드럽게 하여 씹거나 소화시키는 데 필요한 수고를 줄이고 에너지 흡수율을 높였다. 즉 불을 사용할 수 있게 된 인간은 사냥감을 가열 조리함으로써 감염의 위험으로부터 벗어나고 양질의 영양분을 섭취할 수 있었다.

인류는 최소한 140만 년 전부터 불을 사용했던 것으로 보이며 불을 통해 안전한 먹거리를 부드러운 형태로 먹게 되자 뇌 부피가 커질 수 있는 기반이 생겼다. 1.5kg의 단백질 덩어리인 뇌는 전체 몸무게의 약 3%를 차지하지만 전체 에너지의 20%를 사용한다. 뇌는 일종의 에너지 사치품이지만 음식 섭취가 늘어나고 기술이 증가하면서 인간은 성능 좋은 뇌를 가져도 파산하지 않았다. 따라서 불은 인간 지성의 기반이라고 볼 수 있다.

향상된 지능 덕분에 인간은 도구를 활용하였다. 도구 중에는 남을 해치는 것도 있었다. 이것을 우리는 무기라 부른다. 가장 원시적인 무기는 돌이었다. 돌은 현대에 와서도 훌륭한 무기로 사용될 수 있다. 검은 바둑돌에 사용되는 흑요석은 아주 날카롭게 깨지는데 실제로 깨진 바둑돌에 손을 베이는 경우가 있다.

인류는 철보다 청동을 먼저 사용했다. 청동은 주석과 구리를 섞은 것인데 지표면에서 흔히 발견되지는 않지만 낮은 온도에서 녹일 수 있기 때문에 지각에 풍부한 철보다 먼저 사용되었다. 특히 자신이 만들어진 거푸집보다 작아진 청동검은 이 물건이 단순한 장식품이 아니라 실제로 사용되었다는 사실을 말해 준다. 철을 녹이는 기술이 없던 시대에는 운석 속의 철을 활용했다. 때문에 청동기 시대의 메소포타미아에서는 철이 금보다 비쌌다.

철은 지각에서 4번째로 풍부한 물질이지만 녹는점이 높고 산화물 형태로 존재하기 때문에 제련하기가 어렵다. 그렇지만 한번 제련법을 익히면 강력한 무기로 활용될 수 있다. 자연 상태의 철은 빨갛게 녹이 슨 형태이다. 뜨거운 철에 목탄을 넣으면 철에 붙어 있던 산소가 목탄에서 나온 일산화탄소로 옮겨 가면서 순수한 철을 얻게 된다.

출토물로 미뤄 볼 때 인류는 적어도 6,000년 전부터 철기를 사용했다. 청동기에 비해 단단하고 날카로운 철기 무기를 가진 부족은 현대의 핵무기 보유국처럼 군사적 우위를 점하였다. 히타이트가 기원전

1,500년경에 현재의 동유럽과 메소포타미아 지방을 지배할 수 있었던 기반은 강력한 철기 무기였다.

화약이 개발되어 보급되기 전까지 무기의 에너지 원천은 기본적으로 인간의 근육이었다. 예컨대 활은 사람이 주는 힘을 탄성 에너지로 저장하여 일순간에 화살로 전달하는 도구이다. 강궁強弓은 활을 휘는 데 더 많은 힘이 들기 때문에 더 많은 에너지를 저장할 수 있고 결과적으로 화살을 더 강하게 밀어낸다.

한편 화약은 무언가를 날려 보낼 때에 더 이상 사람의 힘이 아닌 외부의 에너지를 사용할 수 있게 해 주었다. 화약이 대포나 총 안에서 폭발하면 고체가 기체로 변하면서 사방으로 압력이 발생한다. 폭발에 의한 압력은 총알이나 대포알을 아주 빠른 속도로 날려 보낸다. 사람이 할 일은 그저 조준을 하고 약간의 에너지를 주어 화학 반응을 일으키는 것뿐이다. 대포, 화승총, 머스킷 총부터 현대의 소총까지 기본적인 원리는 화약을 점화시켜 발생하는 폭발력으로 총알을 밀어내는 방식이다.

미국은 해석의 논란이 있는 수정 헌법 제2조The Second Amendment에 의거해 총기 소유를 헌법상의 권리로 인정한다. 자유 국가의 안보를 위해 규율 잡힌 민병대millitia가 필요하므로 무기를 소유하며 가지고 다닐 권리가 훼손되지 말아야 한다는 이 헌법은 1791년 제정 당시의 상황과 현대의 상황이 상이함에도 불구하고 여전히 총기 소유의 법률적 토대가 되고 있다. 총기 제조 업체와 NRANational Rifle Association의 천문학적인 로비 때문이기도 하겠지만 미국에서는 총기 구입이 어렵지 않고 이 때문에 관련 사고가 끊이지 않는다.

AK47(Automat Kalashnikov 47)은 구소련의 주력 돌격소총으로 채용된 자동소총으로 독일의 G3 소총, 미국의 M16 소총과 함께 세계 3대 돌격소총으로 평가받는다. 사진은 불법 무기를 소지하여 미군과 이라크 경찰에 의해 체포된 이라크 인의 모습.

      과거에는 살인을 위해 커다란 노력이 필요했지만 현대에는 총을 사용해 아주 작은 노력만으로도 사람을 죽일 수 있게 되었다. 분노와 복수의 실현 도구가 인간의 손에 들어온 것이다. 아프리카나 중동에서 쉽게 구할 수 있는 AK47 소총은 지구상에 1억 정 정도 있는 것으로 추정되며 매년 25만 명이 이 소총에 의해 살해된다. 살해되는 사람 수만 놓고 보면 원자 폭탄 같은 다른 살해 도구와 비교할 수 없을 만큼 끔찍한 무기이다.

불과 1세기 전까지만 하더라도 인간에 의한 인간의 멸종은 꿈도 꿀 수 없었다. 당시의 무기는 기껏해야 대포나 기관총이 전부였고 이들로 모든 인류를 죽이는 것은 사실상 불가능했다. 그렇지만 1950년대에 원자폭탄이 개발되고 실전에 투입되면서 인간 스스로에 의한 멸종은 더 이상 판타지에 그치지 않게 되었다.

인간은 오랜 세월 동안 기술에 의지해 살아가다 보니 야생에서 살아갈 능력을 상당 부분 잃어버렸다. 만약 어떤 재앙이 닥쳐서 전기가 끊기고 먹을 것을 직접 찾아 나서야 한다면 상당수의 인류는 몇 달을 버티지 못할 것이다. 현재의 세상은 당장 그런 일이 일어나도 별로 이상하지 않다. 아포칼립스apocalypse라 불리는 세상의 종말은 당장 내일 일어날 수도 있다.

노아의 방주, 요한계시록부터 시작된 아포칼립스는 영화의 단골 주제이기도 하다. 동명의 단편 소설을 원작으로 한 〈나는 전설이다I Am Legend〉는 바이러스에 의한 인류 멸망을, 제임스 카메룬의 〈터미네이터 Terminator〉는 기계에 의한 문명사회의 파괴를 다룬다. 2007년 발표된 코맥 맥카시Cormac McCarthy의 『더 로드The Road』 또한 아포칼립스의 세상이 배경이다. 맥카시가 호텔에서 아들을 재운 뒤에 마을을 둘러보다가 영감을 얻어 썼다는 이 장편 소설은 아버지와 아들의 처절한 생존 사투를 그리고 있다. 『더 로드』는 재난 후 세상에 대한 섬세한 묘사로 퓰리처상을 수상하기도 했다.

이 소설에는 왜 세상이 파괴되었는지에 대한 설명이 직접적으로
나와 있지 않다. 무언가 어떤 사건이 있었던 것은 분명한데 그 사건이 무
엇인지 알 수 없으니 독자들은 다양한 상상을 할 수밖에 없다. 이 소설은
또한 절망의 연속이다. 아들과 아버지는(심지어 그들의 이름도 밝혀지지 않는다.
그냥 'son'과 'father'일 뿐이다.) 길을 걸으면서 계속 끔찍한 장면을 목격하고
죽을 위기를 모면한다. 아버지는 아들에게 마음속에 불을 가진 좋은 사
람good people들이 존재한다고 세뇌시키지만 그것은 아들이 삶을 포기하
지 않도록 아버지 스스로도 믿지 못하는 희망을 애써 심어 주는 것이다.
소설의 마지막에는 아주 작은 희망이 드러난다. 그것이 진짜 희망인지,
아니면 또 다른 재앙으로 가는 길인지는 알 수 없다. 그렇지만 절대적 절
망 속에서 드러난 작은 희망은 작품의 아름다움을 완성시킨다.

현대 사회에서 운석 충돌에 의해 인류가 멸망 위기를 겪을 가능
성은 매우 희박하다. 운석 충돌로부터 앞으로 몇 백 년 동안은 안전하기
때문이다. 외계인의 침공을 걱정할 수도 있겠지만 인류가 존재한다는 것
을 알 만큼 뛰어난 외계인이 굳이 인간을 죽이려고 들지에 대해서는 의
문이다. 지구를 찾아왔다면 최소 몇 십 광년 이상의 거리를 이동하는 과
학 기술을 가졌다는 뜻인데 그들이 무엇 때문에 지구를 멸망시키겠는
가? 지구에서 얻을 수 있는 자원은 그들이 합성할 수 있을 테고, 혹 인류
의 노동력이 필요하다면 그것보다 훨씬 더 훌륭한 로봇을 만들 수 있을
것이다. 아직 화성이나 목성에도 유인 우주선을 보내지 못한 인간을 굳
이 자신들의 라이벌로 느낄 이유도 없다.(격투기 선수가 세 살 꼬마를 무서워하
겠는가?) 우리가 가장 걱정해야 할 현실적인 위험은 인공지능과 원자 폭

탄, 유전자 변형 생물체이다.

컴퓨터computer는 말 그대로 계산compute을 하는 기계이다. 나 역시 프로그래밍 언어를 배웠고 프로그래밍을 통해 모델링 실험을 했다. 나는 컴퓨터가 어떤 계산을 할지 정해 주는 명령어를 순서에 맞게 잘 적어 준 다음 일을 시키기만 했다. 컴퓨터 언어를 한 번 작성해 놓으면(이 과정을 코딩coding이라고 부른다.) 다음부터는 컴퓨터가 알아서 계산을 한다. 때문에 시행착오를 거쳐 코딩을 완성하면 나중에는 얼마든지 프로그램을 돌릴 수 있다.

나는 매 세대마다 개체들이 어떻게 행동할지 계산하는 수학적 알고리즘을 작성해서 현실을 반영한 모델을 만들었다. 나의 모델에서 1,000개의 개체가 1,000세대 동안 어떻게 행동할지를 직접 손으로 계산했더라면 최소 몇 달에서 몇 년은 걸리고 오류도 많았을 것이다. 그렇지만 그것을 컴퓨터에게 시킬 경우 버튼을 하나 누른 뒤 잠시 물을 마시러 갔다 오면 된다. 오류 하나 없이 깔끔한 결과가 기다리고 있다. 같은 작업을 몇 번이고 다시 시킬 수도 있다. 인간에 비해 말도 안 되게 정확하고 빠른 계산 능력을 가진 컴퓨터에게 사고 능력이 생긴다면, 게다가 그 사고 능력이 인간을 파괴하기 위한 것이라면 인류는 멸종의 길을 걸을지도 모른다.

발명가이자 미래학자인 레이 커즈와일Ray Kurzweil*은 2045년쯤 기술이 너무 빠르게 발달해 인간이 이해할 수 없는 수준에 도달하는

---

* 기계 건반인 신디사이저(synthesizer)를 만든 것으로 유명하다. 밴드 공연에 가면 신디사이

특이점singularity이 오며 그 시대에는 기계의 지능이 인간을 초월할 것이라고 예측했다. 영화 〈터미네이터〉에서 그려지는 암울한 미래 세계는 인공 지능 개발에 대한 두려움까지 불러일으킨다. 펜이 없으면 세 자릿수 곱셈도 겨우 할까 말까 하고 물컹물컹한 단백질 피부를 가진 인간이, π를 0.1초 만에 수백만 자리까지 계산하고 강철 외피를 가진 로봇들과 맞선다면 어떨까? 게다가 로봇들이 벌이나 개미처럼 철저하게 자신의 집단을 위해 희생할 줄 안다면? 그들은 백인이 인디언을 몰아낼 때 사용했던 자명한 운명Manifest destiny이나 나치가 유대인을 탄압할 때 썼던 적자생존the survival of the fittest, 우생학 논리를 내세워 인간을 학살할지도 모른다.

균이나 바이러스에 의한 멸망도 있을 수 있다. 인류가 동물들의 서식지를 파괴하면서 동물이 갖고 있던 바이러스나 균이 인간에게 전염되는 경우가 많아졌다. 이런 병원균들은 인간에게 치명적인 독성을 보이는 경우가 많다. 1976년 처음 발견된 에볼라Ebola 바이러스는 원숭이나 박쥐로부터 인간에게 옮은 것이다. 종에 따라 90%의 높은 치사율을 보이는 이 바이러스가 치료제도 제대로 개발되어 있지 않은 상태에서 전세계로 퍼질 경우 인류의 미래를 장담할 수 없다. 영화 〈아웃브레이크outbreak〉는 이런 상황을 가정해 이야기를 펼쳐 나간다.

2014년 서아프리카에서 발발한 에볼라 바이러스는 인류가 바이러스 앞에서 얼마나 무력한지 잘 보여 주었다. 세계 보건 기구와 여러 국

저에 'Kurzweil'이라는 문구가 쓰여진 것을 자주 볼 수 있다.

가의 필사적인 노력에도 바이러스는 판데믹pandemic을 일으킬 뻔했다.

한편 유전 공학 기술이 발달하면서 인류는 새로운 종을 창조할 수 있는 수준까지 이르렀다. 식량을 얻기 위한 GMOgenetically modified organism나 실험을 목적으로 만든 LMOliving modified organism는 유전자 조작을 통해 만들어 낸 신종新種 또는 변종變種이다. 이들은 자연 상태에 존재하지 않기 때문에 그 성질을 정확히 알 수 없어 철저한 관리 감독이 필요하다. 예컨대 향상된 수확량을 목적으로 유전자를 변형시킨 상추에서 발암 물질이 배출된다면 심각한 위험이 될 수 있다. 만일 양심을 품은 과학자가 온갖 항생제에 저항을 가진 유전자를 재조합**한다면 전 세계적 재앙이 닥칠지 모른다. 게다가 현대에는 수많은 약물이 쏟아져 나오기 때문에 병균들 또한 그에 맞춰 발 빠르게 자신의 모습을 변화시켜 나간다. 에이즈 바이러스는 자꾸 변형을 일으키기 때문에 새로운 치료제를 지속적으로 개발해야 하고 어떤 항생제로도 죽일 수 없는 슈퍼 박테리아까지 등장했다.

특히 전쟁이나 테러를 목적으로 개발되는 생화학 무기는 소량의 유출로도 전 인류를 말살시킬 수 있다. 인류 역사에는 여러 질병에게 당한 상처가 많다. 14세기 유럽에 창궐했던 흑사병은 유럽 인구의 1/3을 몰살시켰다. 그 여파는 현재까지 남아서 영어권 사람들은 남이 재채기를 할 때 의례적으로 "Bless you."라고 덧붙인다. 재채기는 고열, 구

** 재조합(recombination)은 생물체에 새로운 유전자를 집어넣는 것이다. 균에 특정 유전자를 넣어 주면 항생제에 죽지 않는 성질이 생겨날 수 있다.

토와 함께 흑사병의 증상 중 하나였다. 1918년에서 1919년 사이에 발생한 스페인 독감은 우리나라에서만 14만여 명, 전 세계적으로 약 5,000만 명의 사망자를 냈다. 2003년의 SARS와 2009년의 신종 플루, 2015년의 MERS(중동 호흡기 증후군) 역시 많은 이의 목숨을 빼앗아 갔다.

인류 멸종의 원인이 될 현실적 무기

질량과 에너지는 매우 이질적인 것으로 보이지만 실제로 둘은 변환이 가능하다. 아인슈타인은 특수상대성이론을 개발하던 도중에 에너지를 질량(m)과 빛 속력(c)의 제곱으로 쓸 경우 여타의 물리 이치에 자연스레 맞아떨어진다는 사실을 발견했다. 질량-에너지 등가식energy-mass equivalence으로 불리는 $E = mc^2$ 등식은 다른 물리 식들에 비해 놀랄 만큼 간단한 형태이다.

빛은 1초에 약 3억m를 나아간다. 이 값을 제곱하면 아주아주 큰 값이 되므로 작은 질량에도 커다란 에너지가 있다는 것을 알 수 있다. 1g의 물체는 9×10^{13}J의 에너지를 갖는데 이것을 모두 사용 가능한 에너지로 바꿀 수 있다면 전력 소모량 3,000W의 스탠드 에어컨을 950년 동안 쉬지 않고 쓸 수 있다. 질량에 엄청난 에너지가 있는 것은 사실이지만 그 에너지를 끌어내는 방법은 매우 제한적이다. 태우거나 화학 반응을 일으키면 아주 미세한 질량 변화가 생기면서 에너지가 발생하는데 그 변화량은 너무 미세해서 측정이 불가능할 정도이다.

가시적인 질량 감소가 생기며 엄청난 에너지를 내보내는 반응에는 핵분열nuclear fission과 핵융합nuclear fusion이 있다. 핵분열은 커다란 원자가 작은 원자들로 나뉘는 과정이고 핵융합은 가벼운 원자들이 합쳐져서 무거운 원자가 되는 과정이다. 가장 안정적인 철을 기준으로 핵융합은 철보다 가벼운 원자들에게서, 핵분열은 철보다 무거운 원자들에서 일어난다. 핵융합이든 핵분열이든 반응이 일어난 후에는 질량이 감소한다. 사라진 질량은 에너지로 분출된다.

우라늄 235의 원자핵*이 느린 중성자와 충돌하면 붕괴 현상이 일어난다. 우라늄의 원자핵은 제논Xe과 스트론튬Sr으로 쪼개지면서 2개의 중성자를 내보낸다. 깨진 후 파편들의 총합이 깨지기 전의 우라늄 원자핵보다 가볍다. 이런 질량 결손은 아인슈타인의 질량-에너지 등가 공식에 따라 에너지로 변환된다. 중성자를 받아 깨진 우라늄 원자핵에서 2개의 중성자가 생겨나기 때문에 또 새로운 우라늄을 핵분열시킨다. 다단계 사업이나 번식하는 박테리아처럼 우라늄 235의 밀도가 어느 정도 이상이고 빠른 속도로 튀어나온 중성자가 다른 우라늄 원자핵에 흡수되도록 감속시켜 주는 물질이 있다면 핵분열 반응은 어마어마하게 번져 나간다. 이것을 연쇄 반응chain reaction이라고 부른다.

분열 시 우라늄의 질량 손실 비율이 상당하기 때문에 원자력 발

---

* 원자 이름 옆에 숫자가 붙는 이유는 같은 원자라 하더라도 질량이 다른 경우가 있기 때문이다. 중성자는 전하가 없어 원자의 성질에 크게 영향을 주지는 않는데 같은 양성자 수를 가진 원자핵이라 하더라도 중상자 수가 다르면 질량이 달라진다. 우라늄 235는 원자핵에 양성자 92개(양성자 수가 어떤 원자핵인지를 결정한다.)와 중성자 143개가 있다는 뜻이다.

전소와 원자 폭탄에서 나오는 에너지양은 어마어마하다. 우리나라의 전체 전력 발전량 중 원자력이 차지하는 비중은 2010년 기준으로 30%이다. 핵 항공모함은 한 번 우라늄을 넣으면 20~30년간 연료를 보급할 필요가 없다. 핵분열 원자 폭탄은 몇 만 톤의 TNT와 동일한 위력을 발휘한다.

그렇지만 엄청난 에너지양과 더불어 핵무기와 핵 발전을 위험하게 만드는 요소는 방사능이다. 핵분열 후에는 여러 부산물이 생겨나는데 그 물질에서 고에너지의 방사선이 방출된다. 방사선은 세포 안에 있는 DNA 서열을 변형시킨다. DNA 서열이 바뀌면 암이 생기거나 건강하지 못한 아기를 출산할 확률이 높아진다. 1986년의 체르노빌과 2011년 후쿠시마 원자력 발전소 사고는 방사선의 폐해를 여실히 보여 주었다.

WHO의 보고에 따르면 체르노빌 사고로 인해 암에 걸린 경우는 약 700건이다. 체르노빌 근처의 동식물에게서는 정상적인 생물과 다른 특징이 많이 발견된다. 후쿠시마 사고 발생 3년 후에는 수십 명의 아동이 갑상선암에 걸렸다. 암은 오랜 기간의 유전 변이가 쌓인 후 나타나기 때문에 시간이 더 지나면 어떤 결과가 나올지 알 수 없다. 그런 점에서 원자 폭탄은 인류가 개발한 최악의 무기라고 할 수 있다.

히틀러가 원자 폭탄을 개발하기 시작했다는 소식이 전해지자 아인슈타인은 고민 끝에 루스벨트 대통령에게 미국도 원자 폭탄을 개발해야 한다는 편지를 보냈고 이에 맨해튼 프로젝트Manhattan Project가 시작되었다. 로스앨러모스Los Alamos에서 비밀스럽게 진행되었던 그 프로젝트에는 로버트 오펜하이머Robert Oppenheimer를 비롯해 엔리코 페르미,

우크라이나 체르노빌은 원자력 발전소 사고로 인해 세계에서 가장 위험한 지역 중 하나가 되었다.

리처드 파인만, 폰 노이만, 닐스 보어 등 당대 최고의 과학자들이 참여했다. 이들은 원자 폭탄을 만들어 내었고 실험에도 성공했다.

1945년 8월 6일, B-29 폭격기에서 투하된 우라늄 원자 폭탄 '리틀 보이Little boy'가 히로시마 상공에서 폭발했다. 원자 폭탄을 실전에서 사용한 인류 최초의 사례였다. 거대한 섬광과 함께 버섯구름이 만들어졌고 그 위력은 끔찍했다. 폭발 지점에서 1km 안에 있던 사람들의 내장은 끓어올랐고 피부는 검게 타 버렸다. 아스팔트나 돌계단에는 사람들의 그림자가 남겨졌다. 사람이 있던 부위만 끓어오르지 않아서 사람 형상이 그림자처럼 아스팔트, 벽, 암석에 남은 것이다. 히로시마 주민들이 증언하는 당시 상황은 처참하기 그지없다. 다음은 당시 식료품 가게 주인의 증언이다.

> 사람들의 모습은…… 그들의 피부는 화상 때문에 검게 변해 있
> 었다. 머리카락이 다 불타 버렸기 때문에 머리카락도 없었다. 또
> 잠깐만 봐서는 그들의 앞과 뒤를 구분할 수 없었다…… 그들의
> 팔은 구부러져 있었고 피부와 손, 얼굴과 몸의 피부는 늘어뜨려
> 졌다. 그런 사람이 한두 명만 있었더라면 그렇게 큰 인상을 받지
> 못했을 거다. 그렇지만 어디로 걸어가든 그런 사람들을 만났다.
> 그들 중 많은 이가 걸어다니는 유령처럼 길에서 죽어 갔다. 나는
> 여전히 그들의 모습을 마음속에서 그릴 수 있다.

맨해튼 프로젝트를 이끌었던 로버트 오펜하이머가 힌두교 경전
을 인용해 "이제 나는 세상의 파괴자, 죽음의 사도가 되었다."라고 말하
고 이후에 수소 폭탄 개발 반대 운동을 이끈 것도 무리가 아니다.

이부세 마스지의 『검은 비』는 원폭 피해자인 작가의 자전적 소
설이다. 이야기의 주인공인 시즈마 시게마쓰는 조카딸 야스코를 데리고
있었다. 야스코는 원자 폭탄이 터질 때에 히로시마 근처에 있었다는 이
유 때문에 원폭병 환자라는 의심을 받는다. 혼담을 알아보러 왔던 사람
들도 그런 소문을 듣고 되돌아갔다. 건강 검진서도 소용이 없었기 때문
에 새 혼담이 왔을 때 시게마쓰는 야스코가 쓴 일기의 필사본을 중매인
에게 보내어 그녀의 행적을 증명하려고 했다. 그러던 중 필사를 대신하
던 시게마쓰의 아내 시게코는 야스코가 검은 비를 맞은 것을 쓰지 않는

1945년 8월 9일 일본 나가사키에 투하된 두 번째 원자 폭탄, 팻 맨.

게 어떻겠냐고 묻는다. 당시에 검은 비는 문제가 없다고 발표되었지만 실은 인체에 치명적이었다.

야스코의 일기에는 한여름인데도 불구하고 날씨가 오싹할 정도로 추웠고 아주 잠깐 동안 검은 비가 내렸다고 나와 있었다. 정체를 알 수 없는 검은 비는 비누로도 씻기지 않았다. 야스코는 검은 비를 대수롭지 않게 여겼지만 약혼이 성사되어 갈 무렵 야스코의 몸에 변화가 오기 시작한다. 설사, 열, 종기로 고통받던 야스코는 원폭병으로 오해받을까 봐 병원도 가지 못하고 책을 보고 혼자 약을 먹고 항생제를 발랐다. 그러다 결국 병원에 입원하고 그토록 기대하던 혼사마저 틀어지고 만다. 끝내 그녀는 이가 모두 빠지고 피부가 검푸르게 썩어 가며 죽음을 맞이한다.

30만 명이 살던 히로시마에서 7만 명이 즉사했고 원폭 후의 질병으로 10만 명이 사망했다. 그중에는 우리나라 사람도 다수 포함되어 있었다. 일본이 과연 원자 폭탄 때문에 항복한 것인지에 대해서는 의견이 갈리지만 일본은 3번째 원자 폭탄이 떨어지기 직전에 무조건적인 항복을 선택했다. 현대 사회에서 핵폭탄은 트럼프 카드의 조커처럼 그 보유만으로도 아주 강력한 위력을 발휘한다.

　　이런 점에서 오펜하이머를 프로메테우스에 비유한 것은 흥미롭다. 카이 버드와 마틴 셔윈이 25년간의 자료 조사 후에 내놓은 오펜하이머의 평전 제목은 『아메리칸 프로메테우스American Prometheus』이다. 1,000페이지가 넘는 방대한 분량의 이 책은 퓰리처상을 수상하기도 했다. 프로메테우스는 인간의 편의를 위해 불로 대표되는 지성과 기술을 인간에게 전수해 주었으나 인간은 그것을 서로 죽이는 데 사용하면서 타락해 갔다. 오펜하이머 역시 나치에 의한 지배를 막기 위해 원폭 개발에 참여했지만 그것을 가진 인간들은 정치적 목적으로 폭탄을 이용하고 있다. 프로메테우스는 인간에게 불을 가져다준 후 절대 권력자인 제우스의 분노를 사서 끔찍한 벌을 받았다. 오펜하이머 역시 원자 폭탄의 실상을 목격한 후 무기 개발을 반대하는 입장을 취하자 미국 정부로부터 박해를 당하며 청문회에까지 불려 나갔다.

과학 지식이 축적되면서 인간은 더 많은 일을 할 수 있게 되었다. 하루 만에 지구 반 바퀴를 돌 수 있고, 멀리 있는 가족과 손쉽게 연락을 주고 받으며, 군대의 장군은 더 이상 큰 목소리를 낼 필요가 없다. 아름다운 꽃을 누구나 찍을 수 있고, 나 같은 사람이 글을 쓸 수 있는 이유도 컴퓨터가 보급되었고 그에 걸맞은 소프트웨어가 탄생했기 때문이다. 전쟁도 마찬가지다. 직접 돌을 들고 전쟁을 하는 것보다 대량 살상 무기를 사용하면 수백만 명의 사람을 손쉽게 죽일 수 있다. 아인슈타인이 $E = mc^2$이라는 질량-에너지 변환 공식을 발견했기에 물리학자들은 핵분열 시 나오는 에너지를 정확하게 예측하였고 그에 기반하여 정밀한 원자 폭탄을 만들었다. 운동량 보존 법칙과 에너지 보존 법칙, 코리올리 효과와 베르누이 방정식은 미사일이 스스로 비행하는 데에 필요한 정보를 제공했다.

이런 모습을 보고 있노라면 과학이 발전하기 때문에 학살용 무기가 만들어진다는 오해를 하기 십상이다. 그렇지만 '과학이 높은 수준이다. → 학살 무기가 개발된다.'는 논리적으로 틀린 말이다. 이것의 역이 성립하는 것은 자명하다. 즉 '학살 무기가 개발된다. → 과학이 높은 수준이다.'라는 말은 참인데, 학살 무기를 개발하기 위해서는 과학 기술이 필요하기 때문이다. 과학이 높은 수준이더라도 지도자들이 그것을 올바른 방향으로 사용한다면 지구는 유토피아가 될 수 있다. 과학 그 자체는 무기 개발을 강요하지 않는다.

과학 법칙들이 신에 의해 창조된 것인지, 필연적으로 그렇게 나오는 것인지, 다른 가능 세계에서는 전혀 다른 과학 법칙이 성립하는지 우리는 알지 못한다. 그렇지만 확실한 것은 과학자는 과학 법칙을 발견하는 사람이지, 법칙을 창조하는 사람이 아니다. 과학 법칙은 과학자가 발견하기 전에도 존재했고 심지어 법칙을 알아챌 사람이 없다 하더라도 사라지지 않는다. 과학자는 이론과 실험, 관측을 통해 과학 법칙을 찾아낼 뿐 그것을 어떻게 사용할지는 기술자와 정치인들의 몫이다. 과학 기술을 이용해 무기를 만들려면 공학자들과 과학자들이 오랜 기간 동안 연구하고 실험을 해야 한다. 그 인건비와 실험 장비에 대한 지원 여부는 결국 지도자들이 결정한다. 따라서 독일과 일본이 제2차 세계대전이라는 비극을 일으키지 않았더라면 핵무기는 세상에 나오지 않았거나, 개발되었더라도 나가사키와 히로시마에 떨어지지 않았을 것이다.

코리올리 힘이 '$2mv\omega \sin\phi$'라는 사실은 이 식을 이용해 포탄을 정확히 날리라는 의미를 갖지 않는다. 아무런 당위성을 포함하지 않는 하나의 사실일 뿐이다. 마찬가지로 모든 과학적 사실은 무엇을 하라고 주장하지 않는 그냥 사실일 뿐이다. 다시 말해 과학은 가치중립적인데 많은 사람이 인종 간 암 발병률에 관한 분석이 인종 차별을 부추기고, 남녀 간의 뇌 구조 차이가 남녀 차별의 근거로 사용된다는 오해를 하고 있다. 과학자는 그런 편견에 억울하다.

과학 기술은 칼에 비유될 수 있다. 과학이 발전하면 인간이 가진 칼도 점점 더 날카로워진다고 생각할 수 있는데, 날카로운 칼은 사람을 살리는 수술 도구로 쓰일 수 있지만 사람을 죽이는 흉기로도 사용될 수 있다. 때문에 칼을 가진 사람은 칼을 어떻게 사용할지 신중하게 결정해야 한다. 누군가 칼을 이상하게 휘두른다면, 즉 과학 지식을 악의적으로 사용한다면 아포칼립스는 현실이 될 수도 있다. 우리가 지도자들을 늘 감시해야 하는 중요한 이유이다.

일부 사람들은 전쟁의 순기능을 주장하기도 한다. 전쟁에서 이기기 위해 국가는 기술 산업에 아낌없이 돈을 투자했고 그로 인해 파생된 신기술들이 인류의 편의를 증진시킨 게 사실이기는 하다. 적의 선박과 전투기를 찾아 파괴하기 위해 개발된 레이더 기술이 서울발 런던행 여객기의 안전한 운행을 위해 사용되며, 미국 국방부 지원으로 만들어진 초기 인터넷 기술이 발달하여 지금은 정보의 보고가 되었다. 군사적 목적으로 개발된 통조림과 내비게이션 기술이 적국 조난자의 생명을 살리는 것은 아이러니이기도 하다.

경제학적인 측면에서도 제2차 세계대전은 대공황에 빠졌던 미국을 구원하였으며, 동족상잔同族相殘의 비극이었던 6·25전쟁은 일본 산업이 발전하는 계기가 되었다. 미국의 대형 군수 업체들은 신형 무기를 판매하고 이전 재고를 소진시키기 위해 끊임없는 로비 활동으로 전쟁을 부추기기도 한다. 미국이 경제 부흥을 위해 주기적으로 전쟁을 일으킨다는 주장도 있다. 과학 발전의 측면에서 전쟁의 순기능을 강조하는 이들에게 『수로』라는 소설을 통해 전쟁을 용인하는 것이 도덕적으로 옳은지 반문하고 싶다. 레이 브래드버리의 짧은 소설에는 수로를 만들며 물이 흐르기를 기다리는 남쪽 나라와 서로 전쟁 중인 북쪽의 두 나라가 등장한다.

수로 건설 공사가 끝나는 해가 왔다. 그리고 북쪽의 두 나라는 서로 백만 발의 화살을 쏘아 대고, 백만 개의 방패를 쳐들어 싸움을 시작했다. 칼과 방패들이 백만 개의 태양처럼 번쩍거리며 부딪쳤다. 천지를 뒤덮는 듯한 함성과 아우성이 아련히 남쪽 나라까지 들려왔다.

(중략)

콸콸거리는 소리가 북쪽에서 들려오기 시작했다. 기나긴 가뭄에 시달리다 모여든 남쪽 나라 사람들은, 죄다 항아리며 주전자며 사발을 높이 쳐들고 수문이 열리기만을 기다렸다. 홈통에선 아직 스산한 바람만이 들락거리고 있었다.

"온다!"

소식이 사람들의 입에서 입을 통해 순식간에 수백 마일을 달려갔다.

드디어 엄청난 액체의 흐름이 메마른 돌바닥을 휩쓸어 오는 소리가 들려왔다. 처음에는 아주 천천히 그리고 점점 빠르게, 마침내 거칠 것 없이 격렬하게 수로를 타고 흐르는 소리가 뜨거운 태양 아래서 남쪽 나라를 가로질렀다.

"들어 봐, 왔다! 준비하자!"

(중략)

"근데, 엄마!"

한 아이가 잔을 들어 흔들어 보면서 말했다. 그 안에 담긴 액체가 천천히 요동했다.

"이건 물이 아니잖아요!"

엄마가 말했다.

"조용히거라, 애야!"

"이건 색깔이 붉어요. 그리고 걸쭉해요."

"자, 여기 비누가 있다. 그러니까 아무 말 말고 네 몸을 깨끗하게
씻으렴. 입 다물고 조용히."

사람들이 외쳤다.

"빨리 밭으로 나가서 물꼬를 트자! 논에 물을 대자!"

밭에선 아버지와 두 아들이 서로 얼굴을 보며 싱글벙글 웃었다.

"이대로만 가 준다면 앞으로는 사는 데 아무런 걱정이 없겠구나.
창고에 곡식을 가득 채우면서 항상 청결한 몸으로 살 수 있어."

"걱정 마세요, 아버지. 우리 대통령이 북쪽에 사람을 보냈거든요.
앞으로도 북쪽의 두 나라는 의견 일치를 보기 어려울 거예요."

"그럼, 누가 알아! 전쟁은 50년도 더 갈걸?"

그들은 노래를 부르며 미소를 지었다.

두 집단이 전쟁을 일으키면 그를 통해 이득을 얻는 집단도 발생
한다. 무기 제조사들은 은근히 전쟁이 일어나기를 바랄 수도 있다. 전쟁
을 내 눈으로 직접 목격한 적은 없지만 적어도 경제나 과학 발전을 위
해 인간성을 침해하는 행위가 일어나서 안 된다는 자명한 사실은 본능

• 아이작 아시모프 외, 박상준 엮음, 『세계 SF 걸작선』, 고려원 미디어, 1993

적으로 알고 있다. 과학 덕분에 더 이상 전쟁 없이도 모두가 먹고살 수 있는 세상이 되었지만 그 과학을 이용한 전쟁은 끊이지 않고 있다. 프로메테우스의 불을 갖게 된 인류는 스스로를 화형시키려 하고 있다. 오늘도 어떤 무기에 의해 어떤 사람들은 목숨을 잃어 간다. 그들의 고통을 조금이라도 상상해 본다면 우리가 왜 평화를 수호해야 하는지 깨달을 수 있다.

내
자유 의지는
정말
'내 것'인가?

호메로스의 『일리아드』

자유 없이 도덕은 있을 수 없다.

_칼 구스타프 융

범죄자는 자신의 잘못된 성격 때문에 범죄를 저지른다기 보
다 교육과 자라 온 환경에 의해 옳지 못한 길로 접어드는데,
이를 그의 책임으로 돌릴 수는 없다.

_로버트 오웬

파리스의 선택과 헬레네

비극은 축제에서 발견된 황금 사과에서 시작됐다. 바다의 여신인 테티스의 결혼식에 많은 신들이 초대되었지만 불화의 여신인 에리스는 초대받지 못했다. 에리스는 분을 품고 '가장 아름다운 이에게KALLISTI*'라고 적힌 황금 사과를 슬그머니 놓고 사라졌다.

　　제우스의 부인 헤라, 전쟁의 여신 아테나, 미의 여신 아프로디테는 그 사과가 서로 자신의 것이라고 주장했다. 서로 언쟁만 계속할 뿐 결론을 내릴 수 없었던 세 여신은 제우스에게 누가 가장 아름다운지 판결을 내려 달라고 부탁했다. 한 여신을 선택하면 다른 두 여신의 미움을 살 것이 분명했기 때문에 제우스는 판결을 직접 내리고 싶지 않았다. 그 대

---

* 라틴어는 단어의 변화가 심한 대신에 단어 자체에 많은 뜻이 담겨 있다. 예를 들어 'AUDI'라는 한 단어는 '너는 들으라.'라는 뜻이고 'COGITO'는 '나는 생각한다.'는 뜻이다. 'KALLISTI' 역시 한 단어로서 '가장 아름다운 이에게.'라는 뜻을 가진다.

터키 차나칼레에 위치한 트로이 목마 모형.

신 인간 중에 가장 잘생겼다고 알려진 트로이의 왕자 파리스에게 판결을
하도록 책임을 전가했다.

　　　세 여신은 파리스를 찾아가 판결을 부탁하지만 세 여신이 모두
아름다웠기에 파리스는 쉽게 결정을 내리지 못했다. 그러자 세 여신은
조건을 걸기 시작했다. 헤라는 막강한 권력을, 아테나는 최고의 전사가
될 수 있는 능력을, 아프로디테는 가장 아름다운 여자와의 사랑을 약속
했다. 가장 아름다운 여자라 함은 스파르타의 헬레네를 뜻했다. 헬레네
는 이미 스파르타의 군주 메넬라오스와 결혼한 사이였지만 아프로디테
는 그 사실을 파리스에게 말하지 않았다. 모든 조건을 들은 파리스는 아
프로디테를 가장 아름다운 여신으로 꼽았고 아프로디테는 헬레네와의

터키 아나톨리아에서 발굴된 트로이 유적.

사랑을 이뤄 주겠다고 약속했다.

　　외교 사절로 위장한 파리스는 스파르타 궁전에서 헬레네와 만났다. 둘이 서로 사랑했는지 혹은 파리스가 일방적으로 납치한 것인지에 대해서는 여러 판본이 존재하지만 하여튼 헬레네는 파리스와 함께 트로이로 향했다. 헬레네와 결혼하기 위해 수많은 군주와 영웅이 찾아왔을 정도로 그녀는 전 그리스에서 뛰어난 미모로 유명했다. 그런 헬레네의 납치는 그리스 국가들에게 커다란 충격으로 다가왔고 얼마 지나지 않아 그리스 연합군은 트로이를 향해 군사를 일으켰다.

　　이후 10년 동안 이어진 전쟁은 트로이의 목마를 사용한 오디세우스의 계책 덕분에 그리스의 승리로 끝났으며 트로이는 멸망했다. 시인

호메로스는 『일리아드』라는 긴 서사시를 통해 이 신화를 후세에 남겼다. 현재의 터키에서 하인리히 슐레만에 의해 트로이 유적이 발견되자 트로이 전쟁이 단순한 신화에 그치지 않는다는 사실이 밝혀졌다.

헬레네의 행위는 사람들로부터 많은 질타를 받았다. 이와 같은 사건은 현대에서도 충분히 일어날 수 있는 일이다. 어느 나라의 아름다운 영부인이 다른 나라의 세력가와 불륜을 일으켜서 두 나라 사이에 전쟁이 일어나고 그 결과 한 나라가 멸망한다고 생각해 보자. 전쟁으로 다치거나 사랑하는 이를 잃은 사람들의 분노는 불륜을 저지른 두 사람에게 집중될 것이다. 간통죄가 성립하는 국가라면 헬레네는 법적 처벌을 받을 수도 있다. 고대의 사람들도 마찬가지였다. 헬레네는 성적 욕망과 불륜의 상징이었다.

고대 그리스의 철학자 고르기아스는 초기 소피스트sophist 중의 한 명이었다. 소피스트는 흔히 이상한 논리나 궤변을 만들어 냈다는 식의 부정적인 이미지로 알려져 있다. 이런 비판이 일부 정당하기는 하지만 소피스트가 부정적 이미지를 가진 데에는 소피스트가 대부분 그리스 본토 출신이 아니었으며 플라톤이 이들을 적대적으로 대했던 이유도 있다.

수사술사이자 회의주의자였던 고르기아스는 「헬레네 찬가Encomium of Helen」라는 논변을 통해서 사람들의 통념을 정면으로 반박했다. 고르기아스에 따르면 헬레네가 스파르타를 떠난 이유는 다음 중 하나 또는 다수이다. 첫째는 신들에 의한 것이고 둘째는 물리적인 힘에 의한 것이며 셋째는 사랑에 의해서이며 넷째는 언변logos에 의한 이유이다.

아프로디테는 파리스와 헬레네의 사랑을 약속했다. 아프로디테가 헬레네의 마음을 의도적으로 움직여 파리스를 사랑하게 만들었다면 헬레네를 비난하는 것은 옳지 못하다. 미약한 인간이 신의 뜻을 거스를 수 없기 때문이다. 또한 남자인 파리스는 헬레네보다 힘이 세다. 파리스가 무력을 사용해서 헬레네를 납치했다면 그 또한 헬레네의 잘못이라고 볼 수 없다. 진실한 사랑으로 인해 헬레네가 파리스와 도망쳤다면 이 역시 헬레네의 잘못이 아니다. 사랑은 숭고한 신의 뜻이거나 마음의 병인데 두 경우 모두 헬레네의 의도적인 잘못은 아니기 때문이다. 수사술사였던 고르기아스는 언변의 효력이 매우 강하다고 믿었기에 화려한 말은 마치 약물처럼 사람의 마음을 움직일 수 있다고 생각했다. 때문에 파리스가 뛰어난 언변으로 헬레네를 유혹했다면 헬레네의 마음이 동요하는 것은 불가피한 일이다.

앞서 살펴본 모든 경우에 대해 헬레네의 직접적인 잘못은 없다. 따라서 고르기아스의 말대로라면 헬레네를 비난하는 것은 옳지 못하다. 내가 이 주장을 접하고 놀랐던 이유는 고르기아스의 논리가 현대 미국 사회에서 변호사들이 뇌 영상 기법을 통해 무죄를 주장하는 논리와 매우 유사했기 때문이다.

미국의 변호사들은(우리나라를 비롯한 전 세계 변호사들과 마찬가지로) 의뢰인의 무죄 입증을 위해 갖은 방법을 사용한다. 이들은 기발한 방법을 사용해서 배심원의 마음을 움직이는 경우가 많은데 최근 발달한 뇌 영상 기법을 통해 피의자에게 범행 의지, 즉 범의犯意가 없었다는 주장을 이끌어 내는 경우가 종종 있다. 설령 피의자가 살인, 폭행처럼 분명한 잘못을 저질렀다 하더라도 외부의 힘에 의해 어쩔 수 없이, 또는 자신의 정신적 문제에 의해 범행을 저질렀다면 처벌 수위는 경감될 수 있다. 이것을 정상 참작이라고 한다.

특히나 일반인 배심원이 재판의 핵심적인 역할을 하는 미국 법원에서는 화려한 뇌 영상 사진이 배심원을 홀리기도 한다. 헬레네가 자신의 의지와 상관없이 파리스를 따라간 것처럼, 피의자도 정신 이상으로 인해 의지와 관계없이 범행을 저질렀다는 논리이다.

뇌과학과 법의 입증

재판에서의 뇌 영상 자료는 다른 증거들에 비해 파급력이 더 크다. 2008년에 데이비드 브라이트David Bright와 앨런 카스텔Alan Castel은 실험 참가자들에게 TV를 보면 수학 능력이 향상된다는 말도 안 되는 주장을 담은 논문을 보여 주었다. 그 주장에 대해 아무런 근거가 없는 논문, 막대 그래프가 사용된 논문 그리고 뇌 영상이 활용된 논문을 보여 주니 참가자들은 뇌 영상이 사용된 논문이 가장 설득력 있다고 답했다. 뇌 영상 자료가 다른 근거에 비해 설득력이 강한 셈이다.

실제로 미국에서는 1990년대부터 뇌과학 영상이 재판에서 적극적으로 사용되었다. 어떤 행위의 처벌을 위해서는 범죄를 저지르려는 의지, 즉 범의가 있었다는 것을 보여야 한다. 예를 들어, A라는 사람이 운전 중에 중앙선을 침범한 트럭이 자신의 앞으로 돌진하자 이를 피하기 위해 핸들을 돌렸다고 하자. 이 경우 A의 차가 옆에 가던 다른 자가용과 부딪혀 교통사고가 났더라도 A에게는 아무런 책임이 없다. 자가용에게 사고를 낸 건 A가 맞지만 중앙선을 침범한 트럭으로 인해 핸들을 돌릴 수밖에 없는 상황이었기 때문이다. 사고의 책임은 트럭 운전사에게 있다.

사람의 모든 행동 또한 결국 뇌가 결정한다. 뇌 기능에 이상이 생길 경우 자신의 의지가 변화되는 경우를 쉽게 찾아볼 수 있는데 대표적인 것이 틱tic 장애이다. 틱 장애는 신경계 이상으로 인해 눈 깜빡이기, 침 뱉기 같은 특정 행동을 자신의 의지와 관계없이 자꾸만 반복하는 질병이다. 틱 장애에 속하는 투렛 증후군Tourette syndrome의 경우 자신의 충동을 잘 제어할 수 없다. 이 증후군을 가진 어떤 사람들은 남을 때리거나 놀리고 싶은 충동이 드는 순간 그 행위를 바로 행한다. 경우에 따라서는 저속하거나 성적인 말을 일삼는 경우도 있다. 행하고 난 뒤에는 자신이 잘못한 것을 알기 때문에 곧바로 사과를 하는 경우가 많다.

편도체는 뇌에서 공포 기억을 담당하는 곳이다. 편도체 기능에 이상이 있는 경우 무서움을 모르고 남을 공격하는 경우가 많다. 예컨대 편도체가 파괴된 쥐는 고양이를 전혀 겁내지 않고 오히려 공격하기도 한다. 무서움만 모르는 것이 아니라 타인의 슬픔이나 감정도 이해하지 못하므로 그들의 고통에 대해서도 무감각해진다. 흉악 범죄를 저지르는 사이코패스 중에는 편도체 기능에 이상이 있는 경우가 있다.

뇌에 이상이 있다면 범의의 근거를 그 행위에서만 찾기는 어렵다. 뇌의 이상이 자유 의지를 구속하고 방해한다는 논리가 가능하기 때

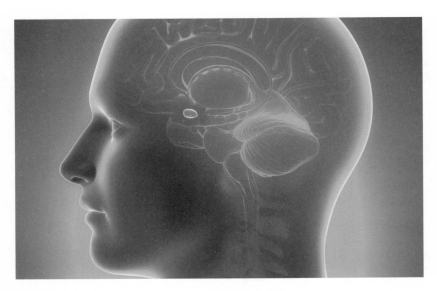

뇌에서 편도체가 위치한 부분. 편도체는 공포뿐만 아니라 감정, 학습 및 기억에 중요한 역할을 한다.

문이다. 케네스 파크스Kenneth Parks의 사례는 뇌과학 증거 자료가 법정에서 얼마나 큰 효력을 갖는지 효과적으로 보여 주었다. 1987년 캐나다인 케네스 파크스는 아침에 일어난 후 처갓집으로 차를 몰고 가서 장인과 장모를 칼로 찔렀다. 장모는 사망했고 장인 또한 심하게 다쳤다. 손을 심하게 다친 파크스는 경찰서에 가서 자신이 누군가를 죽인 것 같다고 자수했다.

재판에서 변호인단은 파크스가 자동증automatism에 의해 행동했다고 주장했다. 자동증이란 무릎을 치면 발이 올라가거나 정신 발작이 일어났을 때 몸을 제어할 수 없는 것처럼 자신의 의지와 관계없이 몸이 움직이는 증상을 뜻한다. 여러 전문가가 파크스는 당시 몽유병

sleepwalking 상태였다고 증언해서 그 주장을 뒷받침해 주었다. 결국 재판부는 이런 의견을 인정하여 그에게 무죄를 선고하였다.

형벌의 기능에는 크게 교화, 예방, 피해자에 대한 대리 복수가 있다. 교화는 이미 범죄를 저지른 사람이 다시 범죄를 저지르지 못하게 이끄는 과정이다. 범죄를 저지르면 벌을 받는다는 걸 본 다른 사람들은 범죄를 저지르지 말아야겠다는 생각을 하게 되는데 이것이 예방의 기능이다. 범죄를 저지른 사람이 형벌을 받으면 피해자의 화가 조금이나마 풀어지기도 한다.

그렇지만 자신의 의지와 관계없이 범죄를 저지른 사람을 처벌하는 것은 처벌받는 사람의 입장에서 다소 억울할 수도 있지 않을까? 앞서 설명한 중앙선을 넘은 트럭 때문에 핸들을 꺾어 다른 자동차와 사고를 낸 운전자는 불가피한 상황 때문에 어쩔 수 없이 그렇게 행동했다고 생각할 것이다. 실제로 많은 사람이 그렇게 생각하며 법 또한 그 직관을 반영하고 있다. 그런 사람을 처벌하는 것은 그를 교화시키지도 않고(오히려 그는 사회에 대해 불만을 품을지 모른다.) 사회적인 예방 효과도 미미할 뿐더러 (사람들은 사법 체계를 신뢰하지 못할 수도 있다.) 피해자의 복수심이 채워질지도 미지수이다.

같은 종류의 문제가 뇌과학의 발달과 더불어 현재 법정에서 일어나고 있다. 어떤 사람이 범죄를 저지르게 된 과정을 추론해 보자. 예컨대 'Jack'이라는 살인마가 사람들을 잔인하게 죽였다고 하자. Jack의 행동은 그의 뇌에 의해서 이뤄진다. 그렇다면 뇌는 어떻게 작동할까? 뇌는 뇌세포, 즉 뉴런들의 발화와 뉴런 사이의 신호 전달을 통해 작동한다.

뇌의 전체적 작동System level에서 뇌세포의 수준Neuronal level으로 관심을 집중하는 순간, 우리가 의식이라고 생각했던 추상적 개념은 과학으로 환원된다. 인지 기능Cognition이 물리적 법칙에 의해 작동한다는 사실은 우리로 하여금 과연 자유 의지Free will가 있는지에 대한 의심을 갖게 만든다.

아인슈타인은 결정론Determinism적인 사고를 믿었는데 우리가 모든 변수와 자연 법칙을 알고 있다면 미래를 정확하게 예측할 수 있다고 생각했다. 그 이야기는 우리가 지식이 부족하여 비록 미래를 예측할 수 없다 하더라도 세상 모든 일은 이미 다 결정되어 있다는 논리로 확장될 수 있다.(때문에 그는 근본적 불확정성을 내포하는 양자역학을 별로 좋아하지 않았다.) 아인슈타인은 한 인터뷰에서 결정론적 사고에 대한 자신의 믿음을 드러냈다.

> 우리가 제어할 수 없는 힘에 의해 모든 것은 처음부터 끝까지 결정되어 있다. 별뿐만이 아니라 곤충에 대해서도 결정되어 있다. 인류, 채소, 또는 우주의 먼지까지 우리는 모두 눈에 보이지 않는 연주자의 불가사의한 선율을 따라 춤을 춘다.[*]

물론 양자역학에는 확률적인 불확정성이 분명히 존재한다. 하이젠베르크의 불확정성 원리나 슈뢰딩거의 파동 방정식을 통해 입자의 정

---

* George Sylvester Viereck, 『Glimpses of the Great』, The Macaulay company, 1930

보(위치와 속도)에 대한 근본적인 불확실성이 있다는 것을 알 수 있다. 근본적인 불확실성이란 우리의 관측 장비가 아무리 발전해도 물리적인 한계 때문에 정확한 관측이 불가능하다는 뜻이다. 불확정성의 존재가 결정론을 부정한다고 가정하면 결국 우리의 행동 역시 결정되어 있지 않다는 결론을 내릴 수 있다. 즉 자유 의지가 없다는 주장에 대한 반론으로 사용될 수 있기에 어떤 이들은 양자역학이 자유 의지에 날개를 달아 주었다는 말까지 했다.

그렇지만 양자역학의 식을 자세히 살펴보면 불확정성이 실질적으로 나타나는 곳은 전자와 원자 궤도처럼 아주 작은 세계이다. 그것은 양자역학에서 핵심적 역할을 하는 플랑크 상수가 아주 작기 때문인데 이 스케일은 뉴런의 스케일에 비하면 무시할 만큼 작은 크기이다.

그러므로 비록 미시적 세계에서는 불확정성이 존재하더라도 뉴런의 세계에서는 불확정성이 없다고 봐도 무방하다. 이 사고를 생물학적으로 받아들이면 인간의 뇌가 주어진 환경과 조건에 따라 반응하는 기계와 같다는 직관이 가능하다. 리처드 도킨스는 이런 개념을 이용해 처벌의 정당성을 논한다.

우리는 과학자로서 사람의 뇌가(설령 컴퓨터하고 같은 방식은 아니더라도) 분명 물리학의 법칙에 따라 움직인다는 것을 안다. 컴퓨터가 잘못 움직인다고 해서 우리는 그들을 벌하지 않는다.

도킨스는 같은 글에서 이러한 논리를 법정 책임으로까지 확장시킨다.

신경계에 대한 완전히 과학적이고 기계적인 관점이 책임감의 개
념을 축소시키는 등 의미 없게 하지 않는가? 아무리 악랄한 범죄
라 하더라도 원리적으로는 범죄자의 생리적 기작과 유전, 환경
에 의한 선행 조건을 탓해야 한다. 비난에 대한 의문이나 축소된
책임감을 결정하기 위한 법정 공판은 폴티Fawlty의 자동차만큼이
나 범죄자에게 있어 의미가 없지 않은가?

'폴티의 자동차'는 영국의 시트콤 〈폴티 타워스Fawlty Towers〉에
서 나온 단어로 주인공이 고장 난 자동차를 보고 화가 나서 자동차를 때
려 부수는 모습을 의미한다. 만약 사람이 하나의 기계라면 어떤 사람이
잘못을 저지른다고 해서 그 사람을 비난하는 것이 옳지 못하다고 생각할
수 있다. 자신의 의지가 없이 주어진 상황에서 자신이 설계된 대로 행동
하는 기계처럼 인간도 자신의 의지가 아니라 뇌의 설계대로 움직이기 때
문에 결코 비난할 수 없다는 논리이다.

신뢰성에 대한 논란이 있기는 하지만 리벳의 실험Libet's experi-
ment은 사람이 의지를 느끼기 전에 뇌에서 미리 반응이 온다는 사실을
함축했다. 리벳의 실험은 자유 의지가 존재하지 않는다는 주장의 근거로
자주 사용되는데 만약 리벳의 실험에 오류가 없다면 대단한 발견임에 틀

• https://www.edge.org/response-detail/11416

림없다. 우리가 욕구를 자각하기도 전에 뇌에서 반응이 온다는 것은 우리가 주체적으로 욕구를 느껴서 뇌가 변화하는 것이 아니라, 뇌가 변화하기 때문에 욕구를 느낀다는 사실을 시사하기 때문이다. 다시 말해 인간은 스스로가 자유롭다는 착각 속에 사는 셈이다.

그렇지만 리벳의 실험을 검증하기 위한 후속 실험들에서는 다른 결과가 나와 실험의 정확성과 타당성에 대한 의문이 제기되었다. 그럼에도 불구하고 여러 신경과학자들은 자유 의지가 환상이라는 믿음을 가지고 있다. 실제로 뇌의 물리적 작동 메커니즘과 신경 회로에 대한 지식이 축적될수록 뇌가 하나의 기계라는 생각이 들 수도 있다.

한편 우리 몸과는 별도로 사유와 인지의 원인인 정신이 존재한다는 직관을 가진 사람도 있다. 르네 데카르트Rene Descartes 또한 정신과 몸이 별개라는 이원론을 주장했다. 고대 철학자인 소크라테스와 플라톤도 신체와는 별도로 영혼이 존재한다고 생각했다. 소크라테스는 철학은 죽음의 연습이라는 말을 남겼는데, 철학을 하기 위해서는 신체의 욕망과 고통으로부터 해방되어야 하고 죽음은 몸에서 영혼이 분리되는 과정이므로 철학을 통해 육체와 영혼의 분리, 즉 죽음을 연습할 수 있다고 했다. 플라톤 역시 영혼이 사라지지 않는다는 영혼 불멸설을 주장했다.

자유 의지의 존재 여부는 아직까지 불투명하지만 육체와는 다른 영혼이 존재한다는 사실은 지금까지의 과학에 비춰 보면 옳지 못하다. 만약 정신(또는 영혼)이 존재하고 그것만이 우리의 행동을 지배한다면 몸이 변화하더라도 그 사람의 본성은 그대로 유지되어야 하지만 그렇지 못한 예가 많이 있다. 술을 마시면 행동과 인지 기능이 평상시와 달라지는

데, 만약 순수한 영혼이 존재하고 그 영혼이 우리를 조정한다면 에탄올 수용액을 마신다고 해서 영혼이 영향을 받을 일은 없다.

1848년 철도 공사 도중 사고를 당해 인간성이 변해 버린 피니아스 게이지Phineas Gage의 사례는 정신과 신체의 관계에 대한 중요한 단서를 알려 준다. 성실하고 똑똑하며 동료들의 존경을 받던 게이지는 철근이 머리를 관통하는 사고를 당했다. 관통 지름은 무려 9cm 이상이었고 이로 인해 게이지의 전두엽(뇌의 앞부분)이 크게 손상되었다. 놀랍게도 그는 치료를 받은 지 한 달 후에 큰 불편 없이 걸어다닐 수준으로 회복되었다. 그렇지만 모든 면이 다 회복되지는 않았다. 다른 사유 능력은 사고 전과 같았지만 그의 성격이 아예 변해 버렸다. 전에 없던 변덕과 고집이 생겼고 남의 말을 잘 귀담아 듣지 않았다. 마음이 우유부단했으며 참을성이 없어졌다. 그의 동료들은 그가 더 이상 예전의 게이지가 아니라고 생각했으며 직장에서도 성격 문제 때문에 쫓겨났다.

뇌의 앞부분은 이성적 사고와 욕망 억제에 관여한다. 이 부분이 파괴되자 피니아스 게이지의 정신이 다른 사람처럼 변해 버렸다. 성격이 포악하게 변한 피니아스 게이지를 비난하는 것이 도덕적으로 옳은 행위인지는 분명치 않다. 그가 사고 전부터 나쁜 사람이었으면 몰라도 사고 후에 성격이 이상해졌다는 사실은 오히려 동정심을 불러일으키기도 한다. 우리에게 신체와 독립적인 영혼이 있다면 뇌의 파괴 여부와 관계없이 그 전과 하는 행동이 같아야 하지 않겠는가?

비슷한 사례는 셀 수 없이 많다. 약물에 의한 변화나 질병에 의한 뇌 손상은 사람의 본질 자체를 뒤흔들어 놓는다. 예컨대 뇌세포의 골

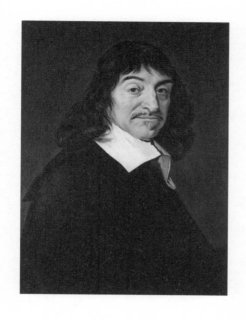

프란스 할스(Frans Hals)가 그린 데카르트의 초상화. 데카르트는 신체와 정신이 서로 별개라는 이원론을 주장했다.

격을 만드는 '*SHANK* 유전자'에 이상이 있는 경우 자폐증 증상이 나타날 확률이 높다. 이 유전자에 문제가 있는 쥐는 사회성, 모성 본능이 떨어지며 특정 동작을 의미 없이 반복한다. 작은 단백질 구조체인 프리온이 뇌에 침입해 인간 광우병이나 쿠루병에 걸려도 환상을 보거나 집착을 나타내는 등의 정신적 문제가 발생한다.

법정과 첨단 과학

과학은 확실하다고 믿어지는 것에 관한 학문이다. 어떤 사실이 과학적 사실로 살아남기 위해서는 수많은 반론과 실험과 증명을 통과해야 한다. 따라서 살아남은 주장은 사실일 가능성이 높다. 물론 절대적 참이라고 믿었던 것들이 깨어지는 경우도 때때로 보이지만. 과거에는 확실치 않은 사실을 두고 논쟁이 붙는 경우가 많았다. 친자 문제가 대표적인 예이다. 반면 요즘에는 과학의 힘을 통해 사실 확인을 정확히 파악할 수 있는 경우가 많다. DNA 분석 기법을 통해 친자 확인뿐만 아니라 범행 도구에 묻은 피가 누구 것인지도 정확히 알 수 있다.

　　사람들이 모두 같은 DNA 서열을 갖는 것은 아니다. 우리의 DNA에는 짧은 서열이 반복적으로 등장하는 지역이 있는데 그 반복 횟수가 사람마다 다르다. 'STR short tandem repeats'이라고 불리는 그 지역에 부착되는 염료를 이용해 발광 정도에 따라 그래프를 그리면 사람마다 그래프의 양상이 다르게 나온다. 이렇듯 DNA 서열 차이를 신원 확인에 사용하는 기술을 DNA 프로파일링 DNA profiling이라고 한다. 미국 FBI는 전 세계 사람들의 STR 패턴을 모아 놓은 'CODIS Combined DNA Index System'를 운영하여 DNA 프로파일링에 사용하고 있다. 이런 기술을 이용해 친자 확인을 아주 극미한 오차 범위 이내로 할 수 있다. 요즘에는 친자 확인 소송뿐 아니라 범인 추적에도 DNA 정보가 쓰이고 있다.

　　DNA 정보가 범인 식별에 사용된 첫 번째 사례는 미국의 한 강간범에 대한 재판이었다. 1987년의 재판에서 검사측은 DNA 정보를 증거로 주장했지만 판사가 증거로 채택하지 않아 피고인은 무죄로 풀려났다. 1년 뒤인 1988년에 역시 강간 혐의로 용의자는 또다시 재판을 받았고 판사는 DNA 프로파일링 결과를 증거로 인정하여 범인은 처벌을 받았다.

　　근래 들어 과학이 법정에 영향을 미치는 사례를 자주 찾아볼 수 있다. 남북 전쟁과 노예 해방으로 유명한 에이브러햄 링컨도 변호사 시절 천문학 지식을 활용해 피고인의 무죄를 입증한 적이 있다. 1858년

윌리엄 암스트롱이란 사람은 새총을 이용해 제임스 멧스커를 살해했다는 혐의로 재판을 받았다. 링컨은 윌리엄의 아버지와 친구였기에 윌리엄을 무료로 변론하기로 했다. 목격자는 찰스 앨런이란 사람이었는데, 1857년 8월 29일 자정쯤 달빛 덕분에 살인을 하려는 윌리엄의 얼굴을 봤다고 주장했다. 링컨은 배심원단에게 당시 달은 지평선 근처에 있었으므로 얼굴을 볼 만큼 충분한 달빛이 없었다고 주장했다. 이 주장이 인정되어 암스트롱은 누명을 벗을 수 있었다.

반면 과학에 대한 무지는 잘못된 직관에 따른 잘못된 판단을 일으킨다. 미국 연방 대법원US Supreme Court은 미국 사법부의 최고 기관으로 우리나라의 대법원처럼 하급 법원에서 올라온 재판의 최종 판결을 담당한다. 연방 대법원은 9명의 저명하고 학식 있는 대법관이 충분한 논의를 거쳐 다수결로 판결을 내리기 때문에 늘 올바른 결정을 할 것 같지만 최악의 판결로 꼽히는 사례도 더러 있다.

그중 대표적인 사례가 1856년의 드레드 스콧 대 샌퍼드Dred Scott vs Sanford 판결이다. 미국은 영국의 식민지였다가 1776년 독립 선언을 한 후 영국과의 독립 전쟁을 거쳐 1783년에 영국과 프랑스로부터 독립을 인정받았다. 독립 직후 공업이 발달한 북부 주에서는 노예제가 폐지되었지만 목화 산업이 발달한 남부에서는 노예제를 포기할 수 없었다. 또한 처음 13개 주로 시작한 미합중국*은 서부의 주들을 받아들이기 시작했는

---

* 'United States of America'라는 단어 자체의 의미를 생각해 보면 미국은 자치권을 가진 주들의 연합이라는 것을 알 수 있다. 미국 성조기에 있는 50개의 별은 현재 주의 개수를, 13개의 빨갛고 흰 선은 초기의 13개 주를 상징한다.

데 이 과정에서 새로운 주의 노예제 허용 여부가 논란거리가 되었다.

흑인 노예였던 드레드 스콧은 군의관인 존 에머슨을 따라 미국의 여러 곳을 따라다녔는데 그중에는 노예 해방주인 미주리Missouri 주도 있었다. 존 에머슨이 죽고 난 뒤 드레드 스콧은 자유를 사기 위해 돈을 모았는데 에머슨의 부인은 이를 인정하지 않았다. 이에 드레드 스콧은 자신이 노예 해방주에 들어가는 순간 노예에서 해방되었다는 논리를 가지고 소송을 걸었고 사건은 연방 대법원까지 넘어갔다. 9명의 대법관은 7 대 2로 드레드 스콧의 논리를 받아들이지 않았다. 판결문을 통해 흑인을 인간 취급하지 않았던 당시 백인들의 아집과 편견을 엿볼 수 있다. 판결문에는 다음과 같은 내용이 있다.

흑인들은 지난 1세기 이상 열등한 부류였고 백인들과 사회적, 정치적 관계를 가지고 교류하기에 부적절하다고 여겨졌다. 너무도 열등하기에 백인들이 존중해야 할 어떠한 의무도 갖지 못했으며 스스로의 이득을 위해 공정하고도 합법적으로 노예가 되었다. 흑인은 사고팔렸으며 이윤을 만들 수 있을 때에는 늘 일반적인 상품과 짐으로 간주되었다.

현대의 생물학, 특히 인간 게놈 프로젝트Human Genome Project가 완료된 2000년 이후의 분자생물학은 인종 간의 차이가 극미하다는 것을 보여 준다. 그 미세 차이가 인격과 정신과 존중받아야 할 권리를 몰살시키는 것은 논리적으로나 도덕적으로나 옳지 못하다. 당시의 대법관들은 흑인이 생물학적으로 열등한 존재라는 편견을 가진 것을 알 수 있는데 이러한 무지의 소치로 인해 두고두고 회자되는 최악의 판결을 내리게 되었다.

일부 악덕한 자들은 과학 지식을 이상한 방식으로 차용하기도 한다. 대표적으로 쓰이는 것이 통계학이다. 통계학이 엄밀한 의미의 수학인지에 대해서는 약간의 이견이 있을 수 있으나 어쨌든 통계학 또한 세상을 이해하는 중요한 분석 도구이다. 통계학은 여타 자연과학과 마찬가지로 참으로 여겨지는 사실들을 통해 새로운 주장을 펼치는데, 중요한 점은 사실들을 통해 거짓된 주장을 도출할 수 있다는 것이다. O. J. 심슨 O. J. Simpson에 대한 변론이 대표적 예이다. 통계학과 학생들 사이에는 어떠한 주장이라도 그것을 뒷받침할 수 있는 통계학적 근거가 있다는 우스갯소리도 있다.

때문에 재판은 인간이 아니라 신에게 맡기는 것이 가장 좋다. 모든 것을 다 알고 있는 신이, 그 누구도 반박할 수 없을 만한 정의로운 법리法理를 통해 판결을 내린다면 우리는 더 이상 법정에서의 추악을 목격하지 않아도 된다. 이것은 거짓과 진실 사이에서 실체적 진실을 찾아내야만 하는 모든 판사들의 소망일 것이다.

포청천包青天이라는 별명으로 불렸던 송나라 시대의 포증包拯은 공명한 판결로 유명했다. 『수호지』부터 현대의 드라마까지 시대를 막론하고 포청천을 모티프로 한 스토리가 창작되었다. 모든 판사와 수사관이 포청천과 같다면 이 세상에 억울한 사람의 수는 급감하겠지만 미약한 인간이 수사를 하고 판결을 내리다 보니 본의 아니게 살인자가 무죄로 풀려나기도 하고 죄 없는 사람이 옥살이를 하기도 한다.

스티븐 킹의 중편 소설 『리타 헤이워스와 쇼생크 탈출Rita Hay-worth and Shawshank Redemption』에서는 법치주의의 한계가 여실히 드러난다. 프랑크 다라본트Frank Darabont 감독˙에 의해 〈쇼생크 탈출The Shawshank Redemption〉이라는 영화로도 만들어진 이 작품에서 앤디 듀프레인Andy Dufresne은 살인죄 누명을 쓰고 감옥에 갇히게 된다. 앤디는 아내와 바람을 피운 남자를 죽일 뻔했지만 실제로는 죽이지 않았고 진범은 따로 있었다. 이와 유사한 오판 사례는 실제 세상에서도 일어난다. 인간은 모든 것을 아는 신이 아니고 물증과 심증에 의지해 실체적 진실을 밝혀내기 때문에 때로 오류가 있을 수 있다.

과학이 지배하는 현대의 법정에서는 과거에는 볼 수 없었던 과학 관련 자료가 수없이 등장한다. 거액의 수임료를 받은 변호사는 피의자의 무죄 주장을 위해 온갖 방법을 동원하고 개중에는 첨단 과학 지식을 활용한 사례도 더러 있다. 정확한 과학적 주장은 사실 관계를 입증하는 데 결정적인 도움을 주지만 편향된 방식의 과학 지식은 사실을 왜곡하고 정의를 기만할 수 있다. 이런 일이 일어나지 않기 위해서는 특별한 기준이 필요하다.

미국에서는 1993년부터 도버트 원칙을 통해 과학적 증거가 오용되지 않도록 하고 있다. 도버트 원칙은 검증이 가능한지, 과학 간행물에 의해 동료들의 검토 대상이 되었는지, 잠재적 오류 발생률은 얼마인지,

---

• 프랑크 다라본트 감독의 가장 큰 재능은 스티븐 킹의 소설을 영화화하는 것이라는 말이 있다.

실험 과정에 대한 표준이 있는지, 관련 분야에서 어느 정도 받아들여지는지를 따진다. 판사들은 도버트 원칙에 부합하는 과학적 주장을 증거로서 인정한다.

우리나라의 경우는 어떨까? 우리나라에서도 미국처럼 과학적 증거를 자주, 때로는 극적으로 활용할까? 우리나라 법정도 과학적 증거 방법을 인정하기는 한다. 2007년에 내려진 대법원 판결문 중에는 다음과 같은 구절이 있다.

> 유전자 검사나 혈액형 검사 등 과학적 증거 방법은 그 전제로 하는 사실이 모두 진실임이 입증되고 그 추론의 방법이 과학적으로 정당하여 오류의 가능성이 전무하거나 무시할 정도로 극소한 것으로 인정되는 경우에는 법관이 사실 인정을 함에 있어 상당할 정도로 구속력을 가진다 할 것이므로, 비록 사실의 인정이 사실심의 전권이라 하더라도 아무런 합리적 근거 없이 함부로 이를 배척하는 것은 자유심증주의의 한계를 벗어나는 것으로서 허용될 수 없다.**

자유심증주의란 증거의 증명력을 법관의 자유 판단에 맡긴다는 뜻이다. 증거의 증명력이란 증거라고 주장되는 것이 실제 증거로서 인정받을 수 있는지 여부이다. 자유심증주의는 기본적으로 법관의 자의가 아

** '대법원 2007. 5. 10. 선고 2007도 1950 판결' 중에서

닌 법관의 합리적 이성이 정확한 증거 판단을 할 수 있다는 믿음에 기반한다. 따라서 비록 증거력 인정이 법관의 고유 권한이라도 확실한 과학적 증거를 무시하는 것은 옳지 못하다는 것이 판결문의 요지이다.

그럼에도 우리나라는 미국에 비해서 새로운 과학적 증거에 대해 신중한 태도를 취한다. 급격하게 발전하는 뇌과학적 기술을 이용한 거짓말 탐지나 뇌 영상 기법을 통한 주장이 앞으로 우리나라 법정에서 중요 쟁점으로 나올 가능성도 충분히 있다. 이 때문에 최근 들어 뇌과학자들이 법조인을 대상으로 하는 강의가 부쩍 늘어났다. 더불어 신경윤리학Neuroethics과 신경법학Neurolaw이라는 신생 학문이 등장했다. 이 분야의 연구자들은 어떤 증거를 받아들이고 어떤 증거를 거부할지에 대한 기준을 제시하기 위해 고민을 반추한다.

우리는 무엇인가를 모르기 때문에 과학에 의존하지만 과학은 우리에게 모든 진실을 가르쳐주지는 않으며, 과학을 악용하는 자에게는 때론 거짓말의 도구로 변질된다. 진실을 더 확실하게 알아내기 위해서라도 법정에서의 과학은 더 신중하게 사용되어야 한다.

순수한
선행과
진화론적
전략

기 드 모파상의 『비곗덩어리』

너희 원수를 사랑하라. 너희를 미워하는 사람들에게 잘해
주라. 너희를 저주하는 사람들을 축복하고 너희에게 함부로
대하는 사람들을 위해 기도하라. 누가 네 뺨을 때리거든 다
른 뺨도 돌려 대라. 누가 네 겉옷을 빼앗아 가거든 속옷을 가
져간다 해도 거절하지 말라.

_누가복음 6장

인간이 문명을 발전시키고 작은 부족이 커다란 공동체로 통
합됨에 따라 개인적으로 알지 못하는 구성원에게라도 자신
의 사회적 본능과 공감을 확장해야 하는 것은 자명하다.

_찰스 다윈

왜 남을 도울까?

당신은 여느 때처럼 지하철 플랫폼에서 곧 다가올 지하철을 기다리는 중이다. 시간을 때우기 위해 휴대폰을 꺼내 그날의 연예 뉴스를 보려는 순간 오른쪽에서 사람들의 비명 소리가 들린다. 어떤 사람이 선로에 떨어져 구해 달라고 소리치고 있다. 지하철 불빛이 막 보이기 시작한 순간이었다. 아마도 당신이 재빠르게 결정을 내린다면 지하철이 오기 전에 선로에 내려가 그 사람을 구할 수도 있다. 그렇지만 잘못하면 둘 다 목숨을 잃을지도 모른다. 주위의 사람들은 떨어진 사람을 바라보기만 할 뿐 구하려고 들지 않는다. 심지어 누군가는 사진을 찍고 있다. 당신이라면 어떻게 하겠는가?

남을 돕기 위해서 자기의 희생이 필요한 경우가 많다. 유니세프에 매달 5만 원씩 기부하는 사람은 그 기부를 위해 자신이 사고 싶었던 카메라나 책을 포기했는지도 모른다. 의료 봉사를 위해 아프리카로 떠난 의사는 자신이 벌어들일 수익을 포기하고 자신의 건강을 담보로 건다. 어찌 보면 남을 돕는 행위는 바보같기도 하다. 그렇지만 인간에게는 남을 공격하려는 본능과 더불어 남을 도우려는 본능이 있다.

앞서 말한 것과 비슷한 사례에서 실제로 선로로 뛰어든 사람이 있다. 일본에서 유학 중이던 한국인 이수현 씨는 지하철 선로에 떨어진 일본인 취객을 구하기 위해 선로로 내려갔다. 안타깝게도 그는 취객과 함께 목숨을 잃었다. 도쿄의 신 오쿠보 역에는 이수현 씨의 숭고한 희생을 기리는 글귀가 일본어와 한국어로 새겨져 있다. 이수현 씨는 남을 돕기 위해 자신의 목숨을 희생했다. 그가 취객을 구하기 위해 선로로 내려가지 않았더라면 목숨을 잃지 않았을 것이다. 이런 점에서 보면 남을 돕는 선한 행위는 자신의 생존에 불리할 것 같은데, 우리에게는 왜 이런 성질이 생겨났을까?

선에 대해 논하기에 앞서 선하다, 착하다는 말에 대해 짚고 넘어가자. 사실 무엇이 착한 행위인지에 대한 완전한 정의는 아직 정립되지 못했다. '무엇이 옳은 일인가?'라는 질문은 윤리학의 중심 논제인데 모두를 만족시킬 만한 그런 윤리 이론은 아직 나타나지 않았기 때문이다. 물리학자들이 모든 물리 현상을 설명할 수 있는 만물의 이론을 찾는 것처럼 윤리학자들도 옳은 것과 그렇지 않은 것을 구분하는 이론을 만들기 위해 노력해 왔다. 칸트는 순수한 이성에서, 공리주의자는 즐거움과 고통에서, 자유지상주의자는 계약에서 그 답을 찾으려고 했다. 존 맥키 같은 사람은 아예 그런 이론이 존재할 수 없다고까지 주장했다.

'아무 잘못 없는 어린이를 때리는 것은 나쁘다.'라는 명제는 모

부산 시립 영락공원 묘지에 위치한 故 이수현 씨의 추모비와 묘지.

든 윤리 이론에서 동의할 것이다. '물에 **빠져** 허우적대는 선인에게 튜브를 던져 주는 것은 좋다.'라는 명제도 마찬가지이다. 그렇지만 '온몸이 마비된 연쇄 살인마의 장기를 적출해 착한 사람들을 살리는 게 옳은가?', '여러 사람을 살리기 위해 아무 관련이 없는 사람을 희생시키는 것은 허용될 수 있는가?'라는 윤리적 딜레마에서는 각 이론마다 설명하는 바가 다르다.

　　과학에서도, 특히 진화생물학과 동물행동학에서도 선함과 유사한 개념이 등장한다. 그것은 희생을 감수하고서라도 남을 도와주는 이타주의Altruism이다. 부모는 자신의 생존 가능성을 떨어뜨리면서도 자식을 보살피고, 꿀벌은 자신의 집단을 위해 목숨을 내놓을 준비가 되어 있다. 우리가 흔히 선하다고 여기는 것과 유사해 보이는 행위이다. 아파서 숨을 잘 못 쉬는 동료를 수면 위쪽으로 밀어 주는 돌고래는 측은지심惻隱之心을, 먹이를 발견해도 독식하지 않고 동료들이 기다리는 굴로 가져가는 개미는 사양지심辭讓之心을 상기시킨다.

인간과 동물에게는 분명 남을 위하는 특성이 있다. 그렇지만 진화론의 관점에서 이런 행동은 쉽게 이해되지 않을 수도 있다. 다윈은『종의 기원』을 통해 적자생존The survival of the fitness, 즉 가장 잘 적응한 개체가 살아남고 그 과정을 통해 진화가 이뤄진다는 주장을 펼쳤다. 그런 다윈에게 이타주의는 미스터리였다. 살아남기 위해 최대한 노력해야 하는 경쟁 속에서 남을 돕는 개체는 도태될 것만 같았다. 이러한 다윈의 생각에는 누구라도 충분히 공감할 수 있다. 남을 도와주는 사람이 손해 보는 듯한 경우를 자주 보기 때문이다. 이러한 이타성의 역설을 드러낸 작품이 모파상의『비곗덩어리』이다.

대략적인 줄거리는 다음과 같다. 열 사람의 프랑스인이 프러시아 군대를 피해 루앙을 떠나기로 한다. 마차에는 세 쌍의 부부와 두 수녀, 코르뉘데 그리고 매춘부이자 '비곗덩어리'라 불리는 불 드 쉬프Boule de suif가 있었다. 사람들은 매춘부인 그녀를 별로 좋게 대하지 않았다. 눈

• 맹자는 마음속의 인(仁, 어진 성질), 의(義, 의로움), 예(禮, 예절), 지(智, 슬기로움)가 각각 측은지심(남을 불쌍히 여기는 마음), 수오지심(羞惡之心, 옳지 못함을 미워하는 마음), 사양지심(사양하는 마음), 시비지심(是非之心, 옳고 그름을 가리는 마음)이 된다고 하였다. 이들은 사람의 선한 성질에 대한 네 가지 단서라는 뜻에서 사단(四端)이라 불린다.

이 쌓여 마차가 힘겹게 이동하는 상황에서 사람들은 극심한 허기를 느꼈다. 불 드 쉬프가 유일하게 음식을 가져왔고 그것을 나눠 주자 사람들은 그녀를 칭송한다.

그렇지만 이들이 묵은 여인숙의 프러시아 장교는 별다른 이유 없이 이들의 출발을 허락하지 않았다. 프러시아 장교는 출발의 대가로 불 드 쉬프와의 관계를 요구했다. 그녀는 그 제안을 거절했다. 사람들은 처음에는 불 드 쉬프를 지지했으나, 프러시아 군이 언제 몰려올지 모르는 상황에서 무료한 날이 흘러가자 불 드 쉬프를 몰아가기 시작한다. 사람들의 설득과 회유에 그녀는 장교와 관계를 맺었다. 출발하는 마차에서 사람들은 그녀를 없는 사람 취급하며 철저히 무시했다. 식사 시간이 되었을 때 사람들은 각자의 음식을 꺼냈지만 불 드 쉬프는 급하게 오느라 음식을 챙기지 못했다. 아무도 그녀에게 음식을 권하지 않자 그녀는 모욕감을 참지 못해 흐느끼기 시작한다.

다음은 불 드 쉬프가 여인숙을 출발하는 마차 앞에서 다른 사람들과 만나는 장면이다.

> 양가죽 코트로 몸을 감싼 마부는 마부석 위에서 파이프 담배를 피우고 있었고 곧 시작될 출발에 들뜬 다른 사람들은 남은 여행을 위해 음식을 싸고 있었다.
> 그들은 불 드 쉬프만을 기다리고 있었다. 마침내 그녀가 나타났다. 그녀는 다소 부끄럽고 당황한 것처럼 보였고 소심하게 무리를 향해 걸어갔다. 그들은 하나같이 그녀를 보지 못한 것처럼 돌아

섰다. 백작은 품위 있게 아내의 팔을 잡고는 불쾌한 접촉으로부터 아내를 떼어냈다.

불 드 쉬프는 놀라 얼빠진 채 가만히 서 있었다.

(중략)

다들 그녀를 보는 것 같지 않았고 아는 것 같지도 않았다. 르와조 부인만이 경멸과 분노를 담아 그녀를 흘낏 둘러보며 반쯤 들리게 자기 남편에게 말했다.

"내가 저 여자 옆에 앉지 않은 게 다행이군요!"

사람들이 출발할 수 있었던 것은 순전히 불 드 쉬프 덕이다. 사람들은 그것을 잘 알면서도 고맙다는 말은커녕 그녀를 전염병에 걸린 사람처럼 취급한다. 이 작품을 보면 남을 위하는 것에 대한 회의감마저 느껴진다. 이번 장에서는 이기적인 생존 경쟁자들 사이에서 어떻게 남을 돕는 성질이 생겨났는지 그 모순적 과정을 살펴보자.

혈연 선택

소수의 희생으로 다수가 구제될 수 있다면 남을 도우려는 구성원을 많이 가진 집단이 생존에 유리할 수 있다. 유전자의 입장에서도 마찬가지이다. 자신이 조금 힘들더라도 여러 동료를 구할 수 있다면 대승적, 전체적 관점에서 유리할 수 있다. 이런 유전적 전략이 생물체들 사이에서도 자연 선택되었다. 자신의 번식 성공률이 떨어지더라도 자신과 같은 유전자를 가진 이의 번식을 도와준다면 그 유전자는 잘 퍼져 나갈 수 있다.

우리가 흔히 혈연관계라고 부르는 사이는 결국 유전자를 얼마나 공유했는지로 결정된다. 부모와 자식, 형제는 서로 많은 유전자를 공유한다. 일란성 쌍둥이는 유전 정보가 완전히 같다. 반면 사촌, 오촌과는 유전적으로 그렇게 비슷하지 않다. 물론 길에서 마주치는 낯선 사람보다는 높겠지만.

얼마나 혈연적으로 가까운지를 알려 주는 지표를 근연도related-ness라고 부른다. 보통은 줄여서 'r'이라고 쓴다. 근연도는 두 사람이 같은 조상으로부터 얼마나 많은 유전자를 물려받았는지로 정의된다. 유전자는 복제를 통해 자식에게 전파되는데, 같은 유전자로부터 복제된 유전자를 갖는 사람끼리는 근연 관계가 있는 것이다. 전체의 절반에 해당하는 유전자를 공유한다면 두 사람의 근연도는 0.5이다. 전체의 1/4, 즉 25%만 공유한다면 근연도는 0.25이다.

근연도를 어떻게 정의하는지 살펴보도록 하자. 사람의 세포 안에는 염색체라는 DNA 덩어리가 들어 있다. 염색체는 모두 46개인데, 2개씩 짝을 이루고 있어 총 23쌍이 있다. 이 덩어리들을 이루는 DNA에는 유전자가 자리 잡고 있다. 유전자는 우리의 겉모습과 행동을 '어느 정도' 결정하는 정보를 담고 있다.

각 염색체 쌍을 이루는 2개의 염색체 중 하나는 아버지로부터, 하나는 어머니로부터 유래한 것이다. 당신이 자식을 낳을 때도 당신이 갖고 있는 46개의 염색체 중 23개만 물려준다. 당신의 배우자가 나머지

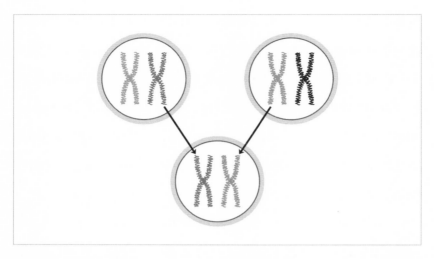

자식은 전체의 절반에 해당하는 유전자를 아버지, 어머니와 공유한다. 자식이 갖고 있는 염색체 하나를 선택하였을 때 아버지(또는 어머니)도 그 염색체를 갖고 있을 확률은 0.5이다. 따라서 자식과 부모 사이의 근연도는 0.5이다.

23개를 물려준다.

이해를 돕기 위해 한 쌍의 염색체에 대해서만 생각해 보자. 철수와 영희가 결혼을 하여 영수를 낳았다. 영수의 쌍 염색체 중 하나는 철수로부터, 하나는 영희로부터 온 것이다. 즉 부모로부터 하나씩의 염색체를 받아 염색체 쌍을 만드는 것이다. 따라서 영수는 전체 염색체의 절반인 23개를 철수로부터 물려받았다. 영수가 가진 46개의 염색체 중 하나를 골랐을 때 그 염색체가 철수에게도 있을 확률은 0.5, 즉 50%이다. 따라서 철수와 영수 사이의 근연도는 0.5이다. 이와 같은 원리에 의해 부모와 자식 간의 근연도는 0.5이다.

즉 근연도는 두 사람 사이의 유전자가 얼마나 일치하는지 알려

주는 지표이다. 앞서 설명한 내용과 유사한 방법을 사용하면 형제간의 근연도도 0.5라는 사실을 알 수 있다. 조부모와 당신과의 근연도는 0.25이다. 당신과 삼촌, 사촌, 오촌 간의 근연도는 각각 1/4, 1/8, 1/16이다. 즉 당신과 친척이 n촌이라면 둘 사이의 근연도는 $(1/2)^{n-1}$이다.* 예컨대 8촌과의 근연도는 $(1/2)^7 = 1/128$로 매우 낮다. 유전자의 입장에서 형제는 곧 절반의 자신이다. 유전자의 절반이 같기 때문이다. 따라서 당신의 형제가 중대한 위험에 처했고 그를 구하는 게 그렇게 위험하지 않다면 구하는 게 유전자의 입장에서 훌륭한 선택이다. 다만 먼 친척이라면 형제만큼은 선뜻 나서지 못할 수도 있다.

그렇다면 순전히 유전자의 입장에서 보았을 때 어떻게 행동하는 게 자신의 번성에 가장 유리할까? 진화생물학을 수학으로 분석한 윌리엄 해밀턴William Hamilton은 1964년 기념비적인 논문을 발표했다. 논문에서 그는 유전자의 확산에 가장 유리한 전략을 수학적으로 도출하였는데 그 결과는 놀랄 만큼 간단했다. B를 이타주의에 의한 이득, C를 이타주의에 의한 손해라고 하면 다음과 같은 관계가 성립할 때 남을 돕는 게 유전자의 입장에서 유리하다.

$$Br - C > 0$$

여기서의 r은 근연도이다. 도움을 주는 개체Actor와 도움을 받는

---

* 사돈은 제외한다. 사돈끼리는 공통 조상을 갖지 않기 때문이다.

개체Recipient가 있을 때 도움을 주는 개체는 위험을 무릅쓰거나, 체력을 소비하는 등의 손해Cost를 입는다. 반면 도움을 받는 개체는 목숨을 보전하거나 번식 확률을 높이는 등의 이득Benefit을 얻는다. 이득이 손해보다 크다고 해서 무조건 이타주의가 일어나지는 않는다. 도움을 주는 개체는 상대방이 얻을 이득에 유전적 연관성을 고려한다. 이 부등식을 해밀턴의 규칙이라고 한다.

두 마리의 형제 보노보가 있다. 편의상 한 마리를 A, 다른 한 마리를 R이라고 하자. A 보노보는 배가 어느 정도 부른 상태에서 땅에 떨어진 열매를 발견했다. R 보노보는 며칠 동안 음식을 먹지 못해 굶어 죽기 직전이다. A가 자신의 먹이를 R에게 양보한다면 자신은 손해를 조금만 보지만 R은 커다란 이득을 볼 수 있다. 때문에 해밀턴 규칙에 따른다면 A가 R에게 먹이를 주는 것이 유전적으로 이득이다.

반면 A와 R이 모두 배가 고프다고 해 보자. A가 먹이를 포기할 때 발생하는 손해와 R이 먹이를 먹을 때의 이득이 비슷하다. 형제간의 연관도는 0.5이므로 R이 얻는 이득이 A의 손해보다 2배 이상 커야 이타적 행동이 일어난다. 이 경우에는 손해와 이득이 비슷하므로 A가 R에게 먹이를 주지 않을 가능성이 크다.

이런 논리를 확장시켜 보면 ①유전적 연관도가 높고, ②자신의 손해가 크지 않으며 ③상대방이 얻는 이득이 많을수록 이타적 행동이 잘 일어난다는 것을 알 수 있다. 이런 점에서 진화생물학자인 홀데인J. B. S. Haldane은 물에 빠진 형제를 구하기 위해 물에 뛰어들겠냐는 질문에 "아니오. 그렇지만 2명의 형제나 8명의 사촌을 구하기 위해서라면 뛰어들겠습니다."라고 답했다. 형제, 사촌간의 근연도를 고려한 농담이었다.

부모 자식 간, 형제간의 근연도는 0.5로 매우 높은 편이다. 이로 인해 형제나 부모, 자식의 기쁨과 슬픔은 곧 자신의 기쁨과 슬픔이다. 문학 작품 중에는 형제, 부모 간의 우애와 사랑을 다룬 작품들이 많이 있다. 박인로의 「오륜가伍倫歌」 중 부모, 형제에 관한 시조에서 이러한 경향이 잘 드러난다.

> 동기同氣로 태어나 세 몸 되어 한 몸 같이 지내다가
> 두 아우는 어디 가서 돌아올 줄 모른다
> 날마다 석양 문외門外에 한숨 겨워 하노라

동기同氣는 같은 기운이라는 뜻이다. 같은 기운으로 삼형제가 세 개의 몸으로 태어나 한 몸처럼 지냈는데 임진왜란과 병자호란 때문에 형제가 떨어져야 했다. 시적 화자는 석양이 질 때 문 밖에서 한숨을 쉬며 아우가 돌아오기를 기다리고 있다.

이러한 논리로 공산주의가 실패한 원인을 분석해 볼 수도 있다. 열심히 일을 해서 자신의 이득을 늘려야 일할 동기가 생길 텐데 열심히 한 사람이나 그렇지 않은 사람이나 공평하게 분배받으니 의욕이 사라지는 것이다. 사람들은 열심히 일해서 전혀 모르는 남(근연도가 0인 사람들)을 보살피는 현실을 받아들이지 못했다. 만일 사회 구성원들 간의 근연도가 아주 높다면 어떨까? 길에서 만나는 남들 또한 자신의 가족과 마찬가지

꿀벌은 분업화된 사회를 갖추고 있으며, 자신의 집단을 위해 목숨마저도 헌신한다.

이므로 이들을 위해 열심히 일할 수 있지 않을까?

개미나 벌들이야말로 마르크스나 레닌이 좋아했을 법한 사회를 구축한 종이다. 개미나 벌은 집단을 위해 헌신하며 적이 쳐들어오면 목숨을 아끼지 않고 맞서 싸운다. 특히 꿀벌은 침을 쏘고 나면 침과 함께 내장이 빠져나오기 때문에 얼마 못 가 죽고 만다. 그럼에도 불구하고 이들은 가미카제 특공대처럼 침을 쏘는 데 주저하지 않는다.

이런 종들은 플라톤이 말한 이상 국가의 시민처럼 협동하여 자식을 기르고 계급에 따른 업무를 충실히 수행한다. 이렇듯 고도로 분업화된 협력 사회를 이루는 성질을 진사회성Eusociality이라고 부른다. 이들이 이럴 수 있는 이유 중 하나는 일개미, 일벌들이 서로 한 부모 밑에서 태어난 자매이기 때문이다. 게다가 벌이나 개미는 암컷의 염색체 수가 수컷의 2배이다. 이런 특성으로 인해 자매들의 근연도는 3/4이다. 인간의 형제자매가 1/2인 것에 비해 높은 수치이다. 즉 자신의 군집에 자매가 많이 살고 있으므로 이들은 집단을 위해 망설이지 않고 목숨을 바칠 수 있는 것이다.

벨딩땅다람쥐라는 동물도 군집 생활을 하는데 포식자를 발견한 개체는 경고음을 낸다. 그러면 다른 구성원은 도망을 갈 수 있지만 소리를 낸 땅다람쥐는 포식자의 표적이 될 수 있다. 실제로 경고음을 낸 땅다람쥐는 더 잘 잡아먹힌다. 폴 셔먼Paul Sherman의 연구 결과에 따르면 암컷은 집단에서 오래 지내기 때문에 집단 내에 가족이나 친척이 많다. 그렇지만 수컷은 다 자라면 다른 집단으로 가기 때문에 집단 내에서 유전적으로 이방인이다. 흥미롭게도 수컷보다 암컷 땅다람쥐가 소리를 낼 확률이 높았다. 자신은 위협에 처하더라도 다른 친족들을 많이 살릴 수 있기 때문에 이런 전략이 자연 선택된 것으로 보인다.

다른 이에게 도움을 주는 여러 행동은 실은 자신의 유전자를 퍼뜨리기 위한 진화의 산물일 수 있다.

• 플라톤이 주장한 이상 국가에서는 아이들이 공동 양육에 의해 길러진다. 또 자신의 특성에 따라 지배자가 되거나 평민, 또는 군인이 된다. 플라톤은 계급에 따라 자기 일을 열심히 해야 하지만 사유 재산을 가져서는 안 된다고 주장했다. 가장 높은 지위에는 지혜를 사랑하는 철인(哲人)이 있는데 이는 여왕벌이나 여왕개미를 연상시킨다.

전략으로서의 이타주의

그렇지만 우리는 피 한 방울 섞이지 않은 남을 도와주기도 한다. 그것은 동물도 마찬가지이다. 유전자의 차원에서 보았을 때 그런 행동은 명백한 손해가 아닐까? 근연도가 0인 생판 남을 도와주는 성질은 어떻게 생겨났을까?

이런 질문을 해결하기 위해 죄수의 딜레마에 대해 이야기해 보자. 당신은 친구와 함께 가게에서 물건을 훔쳤다. 곧바로 경찰이 출동해서 붙잡히기는 했지만 CCTV 영상이 남은 것도 아니고 확실한 증거도 없다. 자백을 하지 않는 이상 형은 아주 가벼울 것이다. 당신은 경찰서 깊은 지하의 독방에 수감되었다. 형사가 들어와 당신에게 제안을 한다. 만일 친구가 입을 다물고 있는 상태에서 당신이 죄를 자백하면 당신은 바로 석방이다. 대신 친구는 감옥에서 2년을 살아야 한다. 반대로 당신이 입을 다물고 있는 상태에서 친구가 죄를 자백하면 친구는 풀려나지만 당

		친구의 선택	
		침묵	자백
당신의 선택	침묵	3개월 복역	24개월 복역
	자백	석방	12개월 복역

당신과 친구의 선택에 따라 당신이 당면할 결과를 위와 같은 표로 나타낼 수 있다.

신은 감옥에 2년을 있어야 한다. 둘 다 입을 다물고 있으면 둘 다 3개월 씩 복역해야 한다. 둘 다 죄를 자백하면 둘 다 1년이다. 다른 방에 갇혀 있는 친구와는 대화할 수 없다. 당신은 어떤 선택을 내려야 할까?

친구가 침묵을 지킨다고 해 보자. 당신은 자백하는 것이 낫다. 바로 석방될 수 있기 때문이다. 친구가 자백할 때에는 어떨까? 역시나 자백을 하는 게 낫다. 2년을 감옥에 있는 것보다는 1년만 있는 게 덜 힘들기 때문이다. 결국 어느 경우에나 자백을 하는 게 유리하다. 따라서 변호사는 당신에게 자백을 하라고 권유할 것이다. 그렇지만 친구 또한 똑같은 이유에서 자백할 것이다. 결국 둘 다 자백을 하여 1년을 감옥에서 살아야 한다. 차라리 둘 다 침묵을 지켰더라면 3개월만 살면 되는데도 말이다. 개인의 이득 때문에 서로 배신을 하여 공멸하는 이러한 사례는 죄수의 딜레마Prisoner's Dilemma라 불린다. 죄수의 딜레마는 흔히 인간들의 이기성을 설명하는 사례로 사용된다.

그렇지만 정말로 당신이 죄수의 딜레마와 같은 제안을 받았을 때 선뜻 자백(배신)을 할 수 있겠는가? 친구를 어느 정도 신뢰할 수는 없을까? 또 만약 당신이 자백을 했는데 친구가 침묵(협력)을 지켜서 당신은 풀려났지만 친구가 2년간 감옥에 있었다고 해 보자. 출소하는 날 친구는 당신을 보며 어떤 표정을 지을까? 게다가 일단은 친구를 배신했더라도 나중에 도움을 요청할 일이 있을지도 모른다. 배신을 당한 상대방은 당신을 선뜻 도와주려고 할까?

협력을 하면 둘 다 좋은 결과를 얻을 수 있지만 배신의 유혹이 도사리는 선택을 한다고 해 보자. 그러니까 한쪽이 협력하고 다른 쪽이 배신했을 때 배신한 쪽이 아주 좋은 결과를 얻지만 서로 배신하면 모두가 손해 보는 그런 선택이다. 죄수의 딜레마와 같은 원리로 양측은 매번 배신을 선택할 테고 그 결과는 참담하다.

이런 과정이 반복될 때(반복적인 죄수의 딜레마) 한쪽에서 미친 척하고 협력을 하면 어떨까? 상대방이 협력했다는 것을 안 상대가 다음 선택부터 태도를 바꿔 협력한다면 매번 협력-협력의 결과를 얻을 수 있다. 즉, 협력하는 상대에게 협력하고, 배신하는 상대에게 배신하는 전략을 쓴다면 매번 배신을 하는 것보다 좋은 결과를 얻을 수 있다. 이처럼 상대방의 경향에 맞추는 전략을 팃포탯Tit for Tat[*] 이라고 부른다. 팃포탯 전략은 매우 간단하지만 반복적인 죄수의 딜레마 게임에서 다른 전략보다 유리하다는 것이 알려져 있다. 즉, 당장의 배신은 이로울지 몰라도 다음번 선택이 있기에 협력자에게 협력을 하는 것이 좋다는 것이다.

하버드 대학교의 마틴 노왁Martin Nowak은 컴퓨터 시뮬레이션으로 반복적 죄수의 딜레마에서 어떤 전략이 진화하는지를 살펴보았다. 모두가 배신하는 집단에서 변이를 통해 등장한 팃포탯 전략은 곧 우위를 점해 나갔다. 무조건 배신All Defect보다는 팃포탯이 유리하다는 뜻이다. 이 전략은 관대한 팃포탯Generous Tit for Tat으로 변해 갔는데 이 전략은 상대방이 배신해도 몇 번 정도는 용서해 준다. 즉, 상대방이 실수로 배신하였을 때 곧바로 원수지간이 되는 게 아니라 관용을 발휘해 관계 회복

---

[*] 'tit'과 'tat' 모두 가볍게 때린다는 뜻이다. 'Tit for tat'은 상대방의 'tat'에 대해 'tit'한다는 뜻으로 '보복', '눈에는 눈, 이에는 이' 정도로 해석될 수 있다.

의 여지를 남기는 전략이다. 또 관대한 팃포탯이 널리 퍼지면 모두가 서로 협력하는 아름다운 사회로 변해 간다.

이 방법보다 더 유리한 전략은 'Win Stay, Lose Shift(줄여서 WSLS)'이다. '잘되면 그대로, 지면 바꾸기' 정도로 해석될 수 있는 이 전략을 따를 경우, 선택의 결과가 좋으면 그 전략을 유지하고, 결과가 안 좋으면 전략을 바꾼다. 이 전략에서도 협력-협력이 나올 여지가 많다. 이런 전략 게임을 통해 남을 돕는 행위가 서로에게 이득을 가져올 수 있다는 사실을 알 수 있다. 배신하는 자가 늘 승리하는 것은 아니다.

이처럼 남을 돕는 행위가 이득을 가져온다는 논리는 윤리학에서도 찾아볼 수 있다. 공리주의에서는 최대 다수의 최대 행복을 추구하는 것이 옳은 행위라고 말한다. 서로를 돕는 사회에서의 효용(행복감)은 서로 배신하며 독단적으로 사는 사회에서보다 높다. 부자가 가난한 자를 위해 기부하는 것 또한 전체의 효용을 높이므로 올바른 행위이다. 부자는 돈을 잃어도 별로 개의치 않지만 가난한 자에게 그 돈은 유용하기 때문이다.

임마누엘 칸트는 이득이나 자신의 기쁨을 위해 남을 돕는 것은 격려받을 만하지만 존중받을 만한 것은 아니라고 했다. 법칙에 대한 존중과 의무로부터 일어난 행위가 아니기 때문이다. 칸트는 이성적 사고에 의한 법칙을 도덕의 기반으로 삼았다. 이러한 칸트조차 도덕적 행위가 가져오는 효용을 완전히 무시하지는 못했다. 칸트는 길을 가다가 다친 사람을 도와주지 않을 수 없다고 주장했다. 그냥 지나치는 것이 보편화되면 자신도 길을 가다가 다쳤을 때 도움을 기대할 수 없기 때문이다. 따라서 남을 돕지 않는 행위는 스스로의 희망을 앗아가 버리는 '의지의 모순'을 발생시켜 보편화될 수 없다.

칸트의 이러한 주장은 호혜적 이타주의reciprocal altruism를 연상시킨다. 진화생물학자인 로버트 트리버즈Robert Trivers에 의해 제안된 호혜적 이타주의는 상대방도 나중에 나를 돕는다는 믿음을 가지고 상대를 돕는다는 개념이다. 이러한 관점에서 보면 선한 행위는 평소에 덕을 쌓아 위급할 때 도움을 받는 일종의 보험이라고 볼 수도 있다.

호혜적 이타주의를 위해서는 상대방에 대한 평판이 필요하다. 남에게 도움을 받기만 할 뿐 베풀지 않는 개체에게 굳이 잘해 줄 필요는 없다. 반면 남을 잘 도와주는 개체를 도와주면 자신도 나중에 도움을 받을 수 있다. 때문에 상대방이 평소에 남을 얼마나 잘 도와주는지에 대한 평판을 기억하고 있어야 한다. 이처럼 이전 행실에 의해 상대방에 대한 태도가 달라지는 방식을 간접 호혜성indirect reciprocity이라고 부른다.

인간 사회에서 간접 호혜성은 명확하게 성립하는 것 같다. 평소 남을 돕던 사람에게 불운이 닥치면 우리는 그 사람을 도와주려고 한다. 반면 배신만 일삼던 사람이 위기에 처하면 인과응보라 하며 별로 도와주고 싶은 생각이 들지 않는다. 이런 원리는 동물들 사이에서도 적용되는 것 같다. 흡혈 박쥐는 3일 동안 피를 먹지 않으면 굶어 죽고 만다. 만일 사냥에 실패해서 피를 못 먹는 기간이 목숨을 위협할 정도로 길어지면 동료들이 구해온 피를 먹어야 살 수 있다. 실제로 흡혈 박쥐는 오랫동안 굶은 이에게 피를 나눠 주는데, 평소 피를 잘 나누어 주는 박쥐는 자신이 위급할 때에도 도움을 쉽게 받는 것으로 드러났다.

남을 도우면 결국 자신에게도 도움이 된다는 논리는 권선징악을 주제로 하는 여러 문학 작품에서 찾아볼 수 있다. 순수한 의도에서 남을 돕고 보니 자신에게 도움이 되더라, 그러니 남을 돕자는 식의 메시지이다. 선한 행위를 하면 벌을 받고 지옥에 가는 세계가 있다면 사람들은 남을 도우려고 할까? 레프 톨스토이Lev Tolstoy는 「세 가지 중요한 질문」이라는 단편 소설에서 선행의 결과를 극적으로 표현했다.

왕은 문득 다음과 같은 생각을 하였다.
'무슨 일을 할 때 가장 중요한 시기는 언제인가? 누구와 더불어 하는 것이 가장 좋은가? 그리고 무엇이 가장 중요한 일인가?'
왕은 이 질문의 답을 말해 주는 이에게 상을 주겠다고 했지만 만족할 만한 대답을 얻지 못했다. 왕은 현자를 찾아가 같은 질문을 했다. 현자는 왕의 질문에 대답하지 않은 채 곡괭이질만 해 댔다. 기다리던 왕은 현자의 농사를 도왔다. 얼마 시간이 지나자 어떤 사나이가 배를 움켜쥔 채 달려왔다. 배에서는 피가 쏟아져 나오고 있었다. 둘은 사나이의 피를 닦아 내고 정성스레 간호해 주었다. 정신을 차린 사나이는 왕에게 용서를 빌었다. 사연인즉슨, 사나이의 형제는 왕에 의해 죽임을 당하고 재산까지 빼앗겼다. 사나이는 복수를 다짐했고 왕이 현자를 찾아간다는 소식을 듣자 암살을 위해 찾아왔던 것이다. 그렇지만 왕은 현자를 만나서 계속 그 자리에 있었고 기다리다 지친 사나이가 잠복지에서 나오자 왕의 호위병에게 부상을 당한 것이다. 사나이는 원수인 자신을 도와준 것에 감명받아 왕에게 충성을 다하겠다고 다짐했다. 그러자 현자가 말했다.

"당신이 밭일을 도와주지 않았더라면 당신은 사나이에게 목숨을 잃었을 것이오. 또 사나이를 치료해 주었기에 화해를 할 수 있었소. 따라서 가장 적당한 시기란 바로 지금 이 순간이고 가장 필요한 사람은 바로 지금 당신 앞에 있는 그 사람이오. 가장 중요한 일은 타인에게 선행을 베푸는 일입니다."

선의 모순

이타주의는 손해를 강요하지 않는다. 남을 도우면 자신의 유전자를 퍼뜨리거나 나중에 도움을 받을 때 유리할 수 있다. 이런 이점이 있기에 동물과 인간에게 이타성이 진화했는지 모른다. 놀부와 샤일록이 넘쳐나는 세상에서는 토마스 홉스Thomas Hobbes가 말한 것처럼 만인에 대한 만인의 투쟁이 끝이지 않았을 것이다. 이러한 관점에서 이타주의의 근원을 따지고 보면 이기성이 자리 잡고 있을 수 있다. 남을 돕는 이들이 더 성공하고 많은 자식을 낳았기 때문이다. 이런 점에서 우리가 천성이라고 생각했던 착한 성질이 실은 진화적 산물일 수 있다는 의심이 가능하다. 즉 이타주의의 진화는 인간의 선한 본성이 어디에서 왔는지 고민하게 한다.

많은 사람이 인간의 본성은 선하다고 믿어 왔다. 맹자孟子는 어린아이가 우물에 빠지면 누구나 아이를 구하려 한다면서 아이를 구하려는 이유는 돈이나 평판 같은 이득 때문이 아니라 온전히 아이를 위한 마음 때문이라고 했다. 맹자는 이러한 유자입정孺子入井•의 비유를 들어 사람의 본성이 착하다고 주장했다. 주자 또한 인간의 본성이 이치理이기 때문에 선하다고 말했다. 선한 본성을 가지고 있지만 주위의 기운氣이 방해하여 나쁜 일을 한다는 것이다.

조선 시대의 이황도 인간의 본성은 이치이며 그로 인해 사단四端의 마음이 있다고 했다. 이를 통해 인간은 특별한 존재이며 본성적 덕을 실천하기 위해 인격을 수양해야 한다고 강조하였다. 비슷한 사고를 서양 철학에서도 엿볼 수 있다. 임마누엘 칸트에 따르면 인간은 이성이 있기에 존엄성을 가지며 도덕적으로 행위할 수 있다.

인간이 특별한 존재이며 그 본성이 선하다는 주장은 인간이 도덕적으로 살아야 한다는 명제를 뒷받침하는 훌륭한 근거일 수 있다. 그렇지만 최근 들어 밝혀진 과학적 사실들은 인간의 특수성과 이타심의 근원에 대한 의문을 제기한다. 좋은 평판을 쌓을 때 돈을 버는 것과 비슷한 즐거움을 느낀다는 연구 결과도 있으며 부모 자식 간의 사랑은 해밀턴 규칙의 한 사례일 수도 있다. 특히나 도킨스의 『이기적 유전자』라는 책 제목은 인간의 모든 행위가 궁극적으로 이기적이라는 오해를 심어 주었다. 어쩌면 선한 행동조차 개인의 행복과 번식을 위한 이기성에서 비롯되었을지도 모른다. 즉, 이기성을 추구하다 보니 그와 반대되는 이타성

• '유자입정'은 어린아이가 우물에 들어간다는 뜻이다.

이 발달한 것이다. 이 개념은 선의 모순이라 불릴 만하다.

그렇지만 당위와 사실은 분리되어 생각될 필요가 있다. 인간에게 어떤 경향성이 있는지와 별개로 도덕적 사유와 이성을 통해 어떤 행동을 '해야 하는지'에 대한 결론을 내릴 수 있다. 인간에게 남을 공격하는 본성이 있다는 사실은 남을 공격하는 행위를 정당화시켜 주지 않는다. 물론 과학적 지식이 도덕 판단을 내리는 데 도움을 줄 수는 있다. 뇌사자의 장기를 적출하는 게 괜찮은지, 신약 개발을 위한 임상 실험을 진행하려면 어떤 기준을 만족해야 하는지 등의 문제를 논의하기 위해서는 과학 지식을 참고해야 한다.

그렇지만 과학 사실 자체가 무언가를 해야 한다는 당위성을 말해 주지는 않는다. 과학은 가치에 대해 중립적이기 때문이다. 『이기적 유전자』라는 제목만 보고 우리가 이기적으로 살아야 한다고 생각하지는 말자. 도킨스는 인간이 자유 의지를 가지고 유전자 프로그램에 대항하여 더 나은 사회를 만들 수 있다고 주장했다. 다음은 도킨스가 미국 PBS 방송과의 인터뷰에서 했던 말이다.

> 나에게는 자유 의지를 가지고 생물학에 대항할 수 있다는 개념
> 이 낯설지 않습니다. 사실 나는 사람들에게 항상 그러라고 격려
> 합니다. 저의 첫 번째 책 『이기적 유전자』에 나온 메시지 대부분
> 은 유전자 기계가 된다는 게 무엇인지, 유전자에 의해 프로그램
> 된다는 게 무엇인지 이해해야 한다는 것이었습니다. 이를 통해
> 커다란 뇌와 양심을 가지고 이기적 유전자의 지배로부터 벗어나

새로운 종류의 삶을 만드는 데 도움을 받자는 것입니다. 제가 보기에 그 새로운 삶은 다윈적이지 않을수록 더 좋습니다. 왜냐하면 우리 조상이 생존 경쟁하던 다윈적 세계는 매우 불쾌한 곳이기 때문입니다. 자연은 정말 피로 물든 이빨과 발톱입니다. 우리가 모여 앉아 우리 사회를 어떻게 이끌지 주장하고 토론한다면, 제 생각에 다윈적 생각을 우리가 사회를 구성하지 말아야 할 무시무시한 경고로 사용할 수 있을 것입니다.*

인간과 동물의 이타적 성질이 늘 손해만 끼치는 것은 아니다. 친족에 대한 호의는 유전자의 입장에서 자기 스스로를 돕는 것과 다를 바 없으며, 남을 돕는 전략은 나중에 커다란 도움이 될 수 있다. 우리가 가진 착한 성질도 어쩌면 이러한 이득 때문에 생겨난 진화적 산물일지 모른다.

그렇지만 도킨스가 말했듯이 우리에게는 지능과 이성이 있다. 우리는 무엇이 옳고 그른지 판단할 수 있으며 유전자 프로그램에 대항해 올바른 행동을 할 의지를 갖고 있다. 이기심을 추구하다 보니 이타심이 생겨났다는 선의 모순은 우리가 어떤 행동을 해야 할지에 대한 판단 배경으로 사용될 수 있다.

---

* http://www.pbs.org/faithandreason/transcript/dawk-frame.html

참고문헌

- 최동호 엮음, 『한국명시』, 한길사, 1996

- 재레드 다이아몬드, 김진준 옮김, 『총, 균, 쇠』, 문학사상사, 2005

- Bear et al, 『Neuroscience Exploring the Brain 3rd edition』, Lippincott Williams & Wilkins, 2007

- Snustad et al, 『Genetics 6th edition』, Wiley, 2012

- L. 레너드 케스터 외, 『미국을 발칵 뒤집은 판결 31』, 현암사, 2012

- 김철수 외, 『하이탑 고전문학』, 두산동아, 2009

- 데이비스 버스, 이충호 옮김, 최재천 감수, 『진화심리학』, 웅진지식하우스, 2012

- Halliday, 『The Fundamentals of Physics, Wiley』, 2008

- 귀스타브 플로베르, 김화영 옮김, 『마담 보바리』, 민음사, 2000

- 임마누엘 칸트, 백종현 옮김, 『윤리형이상학 정초』, 아카넷, 2014

- 네이선 울프, 강주헌 옮김, 『바이러스 폭풍』, 김영사, 2013

- 카이 버드 외, 최형섭 옮김, 『아메리칸 프로메테우스』, 사이언스북스, 2010

- 조지 카시데이 외, 강주상 옮김, 『해석 역학』, 홍릉과학출판사, 2002

- 윌리엄 파운드스톤, 민찬홍 옮김, 『패러독스의 세계』, 뿌리와이파리, 2005

- 무라카미 하루키, 유유정 옮김, 『상실의 시대』, 문학사상사, 2000

- 무라카미 하루키, 양억관 옮김, 『색채가 없는 다자키 쓰쿠루와 그가 순례를 떠난 해』, 민음사, 2013

- 칼 세이건, 임지원 옮김, 『에덴의 용』, 사이언스북스, 2006

- 신경인문학 연구회, 홍성욱 외 엮음, 『뇌과학, 경계를 넘다』, 바다출판사, 2012

- 닐 레비, 신경인문학 연구회 옮김, 『신경윤리학이란 무엇인가』, 바다출판사, 2011

- 스티븐 킹, 조영학 옮김, 『모든 일은 결국 벌어진다』, 황금가지, 2009

- 스티븐 와인버그, 신상진 옮김, 『최초의 3분』, 양문, 2005

- 아이작 아시모프 외, 박상준 엮음, 『세계 SF 걸작선』, 고려원미디어, 1993

- S. Freeman et al, 『Evolutionary Analysis 4th Edition』, Pearson, 2007

- 존 스튜어트 밀, 서병훈 옮김, 『공리주의』, 책세상, 2007

- 이재호 옮김, 『20세기 영시』, 탐구당, 2014

- 홍윤철, 『질병의 탄생』, 사이, 2014

- 로버트 앨린슨, 김경희 옮김, 『장자, 영혼의 변화를 위한 철학』, 그린비, 2004

- 찰스 다윈, 홍성표 옮김, 『종의 기원』, 홍신문화사, 2007

- Jerome Bruner, Actual Minds, 『Possible Worlds』, Harvard Press, 1986

- 이내주, 『서양 무기의 역사』, 살림, 2006

- 리처드 파인만, 승영조 외 옮김, 『발견하는 즐거움』, 승산, 2001

- 리처드 로즈, 문신행 옮김, 『원자 폭탄 만들기 1, 2』, 사이언스북스, 2003

- 이부세 마스지, 김춘일 옮김, 『검은 비』, 소화, 1999

- 서정훈 외, 『생물테러 독물전쟁』, 월드사이언스, 2005

- 코맥 매카시 지음, 정영목 옮김, 『로드』, 문학동네, 2008

- 한스 크리스티안 안데르센, 김종순 옮김, 『벌거벗은 임금님』, 문이재, 2002

- 마이클 샌델, 이창신 옮김, 『정의란 무엇인가』, 김영사, 2010

- 권치순 감수, 『실험관찰대사전 지학』, 삼안출판사, 1993
- 피터 싱어, 김성한 옮김, 『동물 해방』, 연암서가, 2012
- 하인리히 폰 클라이스트, 전대호 옮김, 『미하엘 콜하스의 민란』, 부북스, 2011
- 슈테판 클라인, 전대호 옮김, 『우리는 모두 별이 남긴 먼지입니다』, 청어람미디어, 2014
- 로버타 진 브라이언트, 승영조 옮김, 『누구나 글을 잘 쓸 수 있다』, 예담, 2004
- 프란츠 카프카, 홍성광 옮김, 『변신』, 열린책들, 2009
- 나도향 외, 『한국소설문학대계 22』, 동아출판사, 1995
- 야마사키 도요코, 박재희 옮김, 『하얀거탑』, 청조사, 2005
- 브래들리 캐롤, 강영운 옮김, 『현대천체물리학』, 청범출판사, 2009
- Andrew Carstairs-McCarthy, 『The Origins of Complex Language』, Oxford University Press, 1999
- 홍성욱, 『인간의 얼굴을 한 과학』, 서울대학교 출판부, 2008
- 벤슨 메이츠, 김영정 외 옮김, 『기호논리학』, 문예출판사, 1999
- 전중환, 『오래된 연장통』, 사이언스북스, 2010
- V.S. 라마찬드란, 박방주 옮김, 『명령하는 뇌, 착각하는 뇌』, 알키, 2012
- 우정헌, 『꼭 알아야 하는 미래 질병 10가지』, 살림, 2009
- 장대익, 『다윈의 식탁』, 바다출판사, 2014
- 허먼 멜빌 외, 한기욱 옮김, 『필경사 바틀비』, 창비, 2010
- 창비 편집부, 「창작과 비평 2013년 겨울호」, 창비, 2013
- 장대익, 『쿤 & 포퍼 : 과학에는 뭔가 특별한 것이 있다』, 김영사, 2008
- 김훈 외, 『제5회 황순원 문학상 수상 작품집』, 랜덤하우스중앙, 2005
- 아놀드 루드비히, 김정휘 옮김, 『천재인가 광인인가』, 이화여자대학교 출판부, 2007
- 오르한 파묵, 이난아 옮김, 『소설과 소설가』, 민음사, 2012
- 이은희, 『하리하라의 청소년을 위한 의학 이야기』, 살림Friends, 2014

- 이황, 기대승, 임헌규 옮김, 『사단칠정을 논하다』, 책세상, 2014

- 전상국, 『당신도 소설을 쓸 수 있다』, 문학사상사, 1992

- 이광수, 『사랑』, 우신사, 1979

- 이규보, 장덕순 옮김, 『슬견설』, 범우사, 1995

- 요한 볼프강 폰 괴테, 강두식 옮김, 『젊은 베르테르의 슬픔』, 누멘, 2010

- 레프 톨스토이, 장영재 옮김, 『세 가지 질문』, 더클래식, 2014

- 알퐁스 도데, 김진욱 옮김, 『알퐁스 도데 단편선』, 창작시대, 2003

- 정재승, 『정재승의 과학 콘서트』, 어크로스, 2011

- 션 B. 캐럴, 구세희 옮김, 『진화론 산책』, 살림Biz, 2012

- 리처드 도킨스, 홍영남 외 옮김, 『이기적 유전자』, 을유문화사, 2010

- 아리스토텔레스, 강상진 외 옮김, 『니코마코스 윤리학』, 길, 2011

- 황종연 엮음, 『문학과 과학』, 소명출판, 2014

- 김현욱, 『보이저 씨』, 애지, 2013

- 칼 세이건, 이상원 옮김, 『콘택트』, 사이언스북스, 2001

- 이븐 알렉산더, 고미라 옮김, 『나는 천국을 보았다』, 김영사, 2013

- 김기택, 『태아의 잠』, 문학과지성사, 1991

- 이우재 외, 『하늘호수에 뜬 100편의 명시』, 하늘호수, 2003

- 아리스토텔레스, 천병희 옮김, 『정치학』, 도서출판 숲, 2009

- 블레즈 파스칼, 방곤 옮김, 『팡세』, 신원문화사, 2003

- George Sylvester Viereck, 『Glimpses of the great』, The Macaulay company, 1930

- 박민규, 『카스테라』, 문학동네, 2005

- 플라톤, 김영범 외 옮김, 『소크라테스의 변론 파이돈』, 서해문집, 2008

- John T. Manning et al, 「Second to fourth digit ratio and male ability in sport:

implications for sexual selection in humans, Evolution and Human behavior 22」, Elsevier, 2001

- W. D. Hamilton, 「The Genetical Evolution of Social Behaviour」, Journal of Theoretical Biology, 1964

- S. Wright, 「coefficients of inbreeding and relationship」, The American Naturalist, 1922

- J. David Velleman, 「A Right to Self-Termination?, Ethics 109」, The University of Chicago, 1999

- David Comer Kidd, Emanuele Castano, 「Reading Literary Fiction Improves Theory of Mind」, Science, 2013

- John H. Gibbons, 「On the Intimate Kinship among the Methods of Science」, Art and the Humanities, Technology in Society 25, 2003

- Martin Nowak et al, 「The Evolution of Eusociality」, Nature, 2010

- Jeffrey E. Barrick et al, 「Genome Evolution And Adaptation In A Long-Term Experiment With Escherichia coli」, Nature, 2009

- Simon Kyaga et al, 「Mental illness, suicide and creativity: 40-year prospective total population study」, Journal of Psychiatric Research, 2012

- Simon Kyaga et al, 「Creativity and mental disorder: family study of 300,000 people with severe mental disorder」, The British journal of Psychiatry, 2011

- Nettle D, Clegg H. Schizotypy, 「creativity and mating success in humans」, Proc Biol Sci, 2006

- Young LJ et al, 「Neuroendocrine bases of monogamy」, Trends in Neuroscience, 1998

- Claus Wedekind et al, 「MHC-Dependent Mate Preferences in Humans」, Proceedings: Biological Sciences, 1995

- 한국콘텐츠진흥원 www.kocca.kr
- 위키미디어 커먼스 commons.wikimedia.org
- 픽사베이 pixabay.com
- http://www.vanityfair.com/online/oscars/2012/02/hollywood-human-growth-hormone-hgh-therapy-health-trend
- http://www.theguardian.com/commentisfree/2014/may/05/blood-transfusions-rejuvenate-mice-humans
- 2013 서울대학교 법학연구소 학술대회 〈뇌, 마음, 법—뇌인지과학과 법의 인터페이스〉 자료집, 2013
- 존 힐코트 감독, 〈더 로드〉, 2009
- 마이크 저지 감독, 〈이디오크래시〉, 2006
- Paul W. Andrews and J. Anderson Thomson Jr., Depressions's Evolutionary Roots, Scientific American, 2009
- https://www.edge.org/response-detail/11416
- http://www.drugs.com/stats/top100/2013/sales
- 「문화일보」, 2014년 3월 10일자.
- 「머니투데이」, 2014년 8월 25일자.

문학적으로 생각하고
과학적으로 상상하라

펴낸날	초판 1쇄 2015년 12월 10일
	초판 3쇄 2017년 6월 10일

지은이	최지범
펴낸이	심만수
펴낸곳	(주)살림출판사
출판등록	1989년 11월 1일 제9-210호

주소	경기도 파주시 광인사길 30
전화	031-955-1350 팩스 031-624-1356
홈페이지	http://www.sallimbooks.com
이메일	book@sallimbooks.com

ISBN   978-89-522-3284-7   03400

※ 값은 뒤표지에 있습니다.
※ 잘못 만들어진 책은 구입하신 서점에서 바꾸어 드립니다.
※ 이 책에 사용된 이미지 중 일부는, 여러 방법을 시도했으나 저작권자를 찾지
　 못했습니다. 추후 저작권자를 찾을 경우 합당한 저작권료를 지불하겠습니다.

이 도서의 국립중앙도서관 출판시도서목록(CIP)은 서지정보유통지원시스템 홈페이지
(http://seoji.nl.go.kr)와 국가자료공동목록시스템(http://www.nl.go.kr/kolisnet)에서
이용하실 수 있습니다.(CIP제어번호: CIP2015031126)